机器学习系统

[美]　杰夫·史密斯(Jeff Smith)　著

潘海为　张春新　译

清华大学出版社

北　京

Jeff Smith
Machine Learning Systems
EISBN: 978-1-61729-333-7

图书在版编目(CIP)数据

机器学习系统 / (美)杰夫·史密斯(Jeff Smith) 著；潘海为，张春新 译. —北京：清华大学出版社，2019

书名原文：Machine Learning Systems

ISBN 978-7-302-53485-3

Ⅰ. ①机… Ⅱ. ①杰… ②潘… ③张… Ⅲ. ①机器学习－教材 Ⅳ. ①TP181

中国版本图书馆 CIP 数据核字(2019)第 179543 号

责任编辑：王　军
封面设计：孔祥峰
版式设计：思创景点
责任校对：牛艳敏
责任印制：宋　林

出版发行：清华大学出版社

网　　址：http://www.tup.com.cn，http://www.wqbook.com
地　　址：北京清华大学学研大厦 A 座　　邮　　编：100084
社 总 机：010-62770175　　邮　　购：010-62786544
投稿与读者服务：010-62776969，c-service@tup.tsinghua.edu.cn
质 量 反 馈：010-62772015，zhiliang@tup.tsinghua.edu.cn

印 装 者：三河市国英印务有限公司
经　　销：全国新华书店
开　　本：170mm×240mm　　印　　张：12.5　　字　　数：252 千字
版　　次：2019 年 9 月第 1 版　　印　　次：2019 年 9 月第 1 次印刷
定　　价：59.80 元

产品编号：080067-01

序　言

今天，数据科学家和软件工程师可以随意选择构建机器学习系统的工具。它们有了一系列新技术，可以比以往更轻松地构建整个机器学习系统。我们如果考虑机器学习社区如何起步，那么看到这样一本探讨当前技术如何强大且易于理解的书是非常令人兴奋的。

为更好地理解我们如何走到这一步，我想分享一些自己的故事。他们说我是一名数据科学家，但我想我只是碰巧成为这样的角色。我最初是一名软件专家，是在 Java 1.3 和 EJB 的开发环境中逐渐成长起来的。十年前我辞去了谷歌的软件工程师职位，开始涉足开源领域并创建了一个推荐系统，该系统在 2009 年成为 Apache Mahout 的一部分。它的目标是在当时新的 Apache Hadoop MapReduce 框架上实现机器学习算法。我对工程部分很熟悉，毕竟 MapReduce 来自谷歌。机器学习是一个新生的、令人兴奋的事物，但针对它的工具却是非常缺乏的。

我不太了解机器学习(Machine Learning，ML)，也没有正式的 ML 背景，但我试图帮着去构建大规模的 ML。从理论上讲，这将开启一个更好的 ML 时代，因为更多的数据通常意味着更好的模型。ML 只需要在诸如 Hadoop 的新兴分布式计算平台上重建工具即可。

当具有大量工程背景和一些统计背景的开发人员尝试构建 ML 工具时，Mahout(0.x)是你所期望的东西：基于 JVM、模块化、可扩展、非常复杂、面向开发人员，有时甚至在对统计概念的解释方面是独特的。回想起来，经典的 Mahout 毫无趣味可言，因为它只是统计工具的一个更好版本罢了。事实上，它比 R(我承认自己直到 2010 年才听说过)的可用性要小得多。Mahout 很有趣，因为它是从一开始就建立在 Web 级别的一项工作，使用为企业软件工程开发的工具。统计工具与处理 Web 级数据的新方法发生了冲突，进而催生了数据科学。

真正的统计学家和分析师已经成功地应用 ML 几十年了，我认识到，现有的分析工具只针对某些用途而不是其他用途进行了优化。Python、R 及其生态系统具有丰富的分析库和可视化工具，它们不关心规模或产品部署的问题。

在企业级软件领域，令我惊讶的是，工具通常在建立模型之后就结束了使命。在生产中使用模型能做些什么呢？我发现这通常被视为软件工程师的一项独立活动。针对基于 Hadoop 相关技术的产品应用，工程领域尚未确定一些清晰的模式。

2012 年，我组建了一家小型公司 Myrrix，我们在 Mahout 的核心基础上进行扩展，使其成为一种不断学习、不断更新的服务，能够在生产中为模型的结果服务，而不仅仅是一个输出系数的库。这成为云时代的一部分，并在 Apache Spark 之上被重塑为 Oryx(https://github.com/OryxProject/oryx)。

Spark 是 Hadoop 生态系统的另一个游戏改变者。它为大数据软件开发带来了更高层次且更自然的功能性范例，就如同 Python 一样。它为 Python 和 R 添加了语言绑定，带来了一个新的机器学习库 Spark MLlib。到 2015 年，整个大数据生态系统突然变得更接近于传统分析工具的世界。

这些工具和其他工具已经跨越了统计和软件工程的世界，使两者现在能够经常交互。今天的大数据工程师已经可以使用 Python 专用工具了，如 TensorFlow 可用于深度学习，Seaborn 可用于可视化。版本控制、测试以及强类型语言的软件工程文化也进入数据科学领域。

让我们回到这本书。本书不仅涵盖工具，还涵盖构建机器学习系统的整个工作。它涉及人们常常忽略的主题，如模型序列化和构建模型服务器。本书使用的语言主要是 Scala，这是一种既有原则又富有表现力的独特语言，它不会牺牲类型推理等便利性。Scala 已被用于构建 Spark 和 Akka 这样强大的技术，本书向你展示如何使用它来构建机器学习系统。本书也没有忽略使用 Python 技术的互操作性或者使用 Docker 构建的可移植应用程序的重要性。

虽然我们已经走了很长一段路，但还有更长的路要走。能够掌握本书中的工具和技术的人，将为机器学习更加令人兴奋的未来做好充分的准备。

Sean Owen

Cloudera 公司的数据科学主管

前　言

我的整个职业生涯都在处理数据。根据兴趣，随着职业生涯的发展，我一直致力于研究越来越复杂的系统，并将重点放在机器学习和人工智能系统上。

当我的工作内容从更传统的数据仓库类型的任务发展到构建机器学习系统时，我被一种奇怪的缺失所震惊。当我主要使用数据库时，可以依赖丰富的学术和专业文献，了解如何构建与它们交互的数据库和应用程序，以帮助定义良好的设计。所以，让我感到困惑和惊讶的是，机器学习作为一个领域通常缺乏这种指导。除了模型学习算法外，没有任何规范的实现。需要建立的系统中有很大一部分在文献中被掩盖了。通常，我甚至无法为给定的系统组件找到一致的名称，因此我和我的同事们不可避免地会在术语选择上相互混淆。我想要的是一个框架，类似于机器学习的 Ruby on Rails，但似乎没有这样的框架[1]。除了一个普遍接受的框架，我至少想要一些明确的设计模式来构建机器学习系统，但遗憾的是，当时还没有用于机器学习系统的设计模式。

因此，我用一种艰难的方式建立了机器学习系统：尝试一些东西，然后找出那些不起作用的地方。当我需要发明术语时，只选择那些感觉合理的术语。随着时间的推移，我尝试整合了一些对机器学习系统有用的内容和没有连贯成整体的内容。像分布式系统和函数式编程这样的领域，有望为我对机器学习系统的看法提供更好的支撑，但它们没有特别关注机器学习的应用。

然后，我通过阅读 *Reactive Manifesto*(www.reactivemanifesto.org)发现了反应式系统设计。它的简单的一致性和大胆的使命让人颇感惊讶。这是构建现代软件所面临挑战的完整世界观，以及构建满足该挑战的软件的原则性方法。我对这种方法的前景感到很兴奋，并立即开始尝试应用于我在设计和构建机器学习系统时遇到的问题。

1 最后，我读到了肖恩·欧文(Sean Owen)关于 Oryx 的著作，以及陈世昌(Simon Chan)关于预测 IO 的著作，它们非常具有启发性。如果你对机器学习架构的背景感兴趣，那么回顾一下这两种架构将使你受益匪浅。

我试图想象如何使用反应式系统设计中的工具，将一个简单的机器学习系统重构得更好。为此，我写了一篇关于预测初创公司的博客文章(http://mng.bz/9YK8)。

这个帖子出人意料地得到广泛而严肃的回应。我从回应中学到了两件事：

- 我不是唯一一有兴趣提出建立机器学习系统的原则方法的人。
- 人们真的很喜欢用卡通动物来谈论机器学习。

这些见解促使我写了这本你目前正在阅读的书。在本书中，我试图涵盖你在构建现实世界的机器学习系统时可能遇到的一系列问题，这些系统必须要让客户满意。我的重点是介绍你在其他书籍中找不到的所有内容。我试图让本书尽可能宽泛，希望能够涵盖现代数据科学家或工程师的全部职责。我将探讨如何使用一般原则和技术来分解机器学习系统中给定组件的一些看似独特的问题。我的目标是尽可能全面地涵盖机器学习系统组件，但这意味着我无法全面地研究模型学习算法和分布式系统等大型主题。相反，我设计了一些示例，为你提供构建机器学习系统的各种组件的经验。

我坚信，要构建一个真正强大的机器学习系统，必须从系统级的角度看待这个问题。在本书中，我将提供一个高级的视角，帮助你围绕该系统中的每个关键组件构建技能。根据我作为技术主管和经理的经验，我知道整个机器学习系统及其组件的组合是机器学习系统开发人员应该拥有的最重要技能之一。因此，本书试图涵盖构建强大的、面向现实世界的机器学习系统需要的所有不同部分。在整个过程中，我们将从团队的角度出发，为现实用户提供先进的机器学习系统。因此，我们将探索如何在机器学习系统中构建所有内容。这是项庞大的工作，我很高兴你有兴趣参与其中。

致　谢

在署名方面，一本书与一篇学术论文完全不同。在一篇学术论文中，甚至每个在实验室一起吃过午餐的人都可以在论文上面署名；但在一本书中，出于某种原因，我们只能在封面上署上一两个人的姓名。但是一本书的出版并不是那么简单，需要很多人参与其中。为本书的问世做出贡献的所有人员如下。

正如我在前言中提到的，本书是由一篇博客文章(http://mng.bz/9YK8)发展而来的。我非常感谢那些既认真又才华横溢的人们，他们对我的漫画给予了足够的重视，并提供了非常有用的反馈，他们是 Roland Kuhn、Simon Chan 和 Sean Owen。

在本书撰写的早期阶段，反应式研究小组的成员和 Intent Media 的数据小组发挥了非常重要的作用，帮助我理解我正在尝试进行的有关构建机器学习系统的想法。我还要感谢来自 Intent Media 的 Chelsea Alburger，他为本书的视觉效果提供了很好的早期艺术指导。

感谢 Manning 团队，他们采纳了我的创意，并把这些内容组织成一本书：Frank Pöhlmann 建议在这个反应式的机器学习材料方面应该有一本书；Susanna Kline 拽着我在黑暗的森林里又踢又叫；Kostas Passadis 让我看起来像个十足的傻瓜；还有 Marjan Bace 点燃了我的全部激情。我还要感谢由 Aleksandar Dragosavljevic 领导的如下技术同行评审人员：David Andrzejewski、Jose Carlos Estefania Aulet、Óscar Belmonte-Fernández、Tony M. Dubitsky、Vipul Gupta、Jason Hales、Massimo Ilario、Shobha Iyer、Shanker Janakiraman、Jon Lehto、Anuja Kelkar、Alexander Myltsev、Tommy O'Dell、Jean Safar、José San Leandro、Jeff Smith、Chris Snow、Ian Stirk、Fabien Tison、Jeremy Townson、Joseph Wang 和 Jonathan Woodard。

在本书真正开始写作后，x.ai 的团队给予了我极大的帮助，为我提供了测试实验室以支持我实现各种想法，并且在我以谈话的形式将书中的想法付诸实践时给予了我莫大的支持。谢谢你们：Dennis Mortensen、Alex Poon 以及技术团队的每个人。

另外，感谢所有出席讨论会和见面会的参与本书相关座谈的人。你们提供的所有反馈，无论是面对面的还是在线的，都将有助于我了解本书相关材料的演变过程。

最后，感谢插画师 yifan，没有他，本书就不可能顺利出版。你已经将我的关于用卡通动物做机器学习的愿景变为现实，现在我很高兴能够与全世界的读者分享它们。

关 于 本 书

本书为两类略不相同的读者提供服务。首先是那些对机器学习感兴趣但尚未在现实世界里建立许多机器学习系统的软件工程师。我猜想，这些读者希望通过机器学习实际构建一些东西，将他们的技能付诸实践。本书与你在机器学习中看到的其他书籍可能不同。从本书中，你将找到适用于构建整个产品级系统的技术，而不仅仅是简单的脚本。我们将探索在机器学习系统中可能需要实现的所有可能组件，并提供许多关于常见设计缺陷的来之不易的提示。在此过程中，你将了解机器学习系统中的各种任务，以及实现满足这些需求的系统的背景。所以，如果你不具备很多机器学习的背景，请不必担心在开始构建机器学习系统之前，不得不费力去读完若干数学书籍。本书将引导你全程编写代码，通常依靠库来处理更复杂的实现问题，如模型学习算法和分布式数据处理。

其次，本书为那些对机器学习系统的宏观愿景感兴趣的数据科学家提供服务。我认为这样的读者知道机器学习的概念，但可能只实现了简单的机器学习功能(例如，笔记本电脑上的文件脚本)。对于这样的读者，本书可能会介绍一系列你从未考虑过的机器学习工作中的问题。在某些地方，我将引入词汇来命名系统的组件，这些组件在机器学习的学术讨论中常被忽略，然后我将展示如何实现它们。虽然本书引入了一些强大的编程技术，但我并没有擅自假定你已在软件工程方面具备丰富的经验。我将在上下文中介绍超出基础内容的所有概念。

对于这两种类型的读者，我都假设你们对反应式系统以及如何使用这种方法来构建更好的机器学习系统有一定的兴趣。对系统设计的反应式观点支撑着本书的每个部分，我们经常假定在系统中会出现服务器中断和网络分区等实际问题，因此需要花大量的时间来检查系统是否具有这些属性。

具体而言，这种对反应式系统的关注意味着本书包含相当一部分关于分布式系统和函数式编程的内容。将这些问题与构建机器学习系统的任务统一起来的目的是为你提供解决当今技术中最棘手问题的工具。同样，如果你不具备分布式系统或函数式编程的背景知识，请不必担心：我将在具有适当任务背景的情况下介绍这些内容。一旦你看到像 Scala、Spark 和 Akka 这样的工具，我希望你能清楚地了解它们在解决现实世界的机器学习问题方面所能够提供的强大帮助。

本书内容安排

本书分为三部分。第 I 部分介绍写作本书的总体动机以及你将使用的一些工具。

- 第 1 章介绍机器学习、反应式系统和反应式机器学习的目标。
- 第 2 章介绍本书使用的三种技术：Scala、Spark 和 Akka。

第 II 部分是本书的重点。该部分对每块内容进行逐一介绍，帮助你深入了解机器学习系统必须要做的所有事情，以及如何使用反应式技术更好地完成这些事情。

- 第 3 章讨论收集数据并将数据输入机器学习系统所面临的挑战。其中的一部分介绍处理不确定数据的各种概念，还详细介绍如何持久化数据，重点关注分布式数据库的属性。
- 第 4 章介绍如何从原始数据中提取特征以及对此功能进行组合的各种方法。
- 第 5 章介绍模型学习。你将实现自己的模型学习算法并使用库进行实现，还介绍如何使用其他语言的模型学习算法。
- 第 6 章介绍一旦学习模型之后，与评估模型相关的一系列问题。
- 第 7 章介绍如何利用学习的模型并使其具有可用性。为了实现这一目标，该章将介绍 Akka HTTP、微服务和通过 Docker 实现的容器化。
- 第 8 章是关于使用机器学习模型对现实世界进行操作的全部内容。该章还为构建服务引入了 Akka HTTP 的备选方案：http4s。

第III部分将介绍一些与机器学习系统相关的问题，一旦构建了一个机器学习系统，并且需要让它持续运行，甚至将其改进为更好的系统，这些问题就会变得更加重要。

- 第 9 章介绍如何使用 SBT 构建 Scala 应用程序，还介绍持续交付的概念。
- 第 10 章以系统演化为例，介绍如何构建具有各种复杂层级的人工智能代理。该章还涵盖更多用于分析机器学习系统的反应式技术。

应该如何阅读本书呢？如果你在 Scala、Spark 和 Akka 方面有丰富的经验，那么可以跳过第 2 章。本书的核心是第 II 部分对各种系统组件的介绍。虽然它们应该尽可能独立，但是如果按照第 3~8 章的顺序阅读，那么最简单的方法就是跟踪数据在系统中的流动。最后两章关注的是单独的问题，可以按任意顺序阅读(在阅读第 II 部分之后)。

代码约定和下载

本书包含许多源代码示例，包括已编号的代码清单和正常的文本行。对于这两种情况，源代码都以等宽字体显示，以与普通文本区别开。

在许多情况下，源代码已经被重新格式化；我们添加了换行符并重新处理了缩进，以适应书中有限的页面空间。在极少数情况下，即使这样处理还不够的话，代码清单会包括续行标记(➥)。此外，源代码中的注释通常已从代码清单中删除。代码注释在许多代码清单中都会出现，以突出重要的概念。

书中使用的代码可以在本书的网站上找到，网址为 https://www.manning.com/books/machine-learning-systems，也可以在 Git 存储库中找到，网址为 http://github.com/jeffreyksmithjr/reactive-machine-learning-systems，或者通过扫描封底的二维码下载。

书籍论坛

购买机器学习系统包括免费访问由 Manning Publications 运营的私人网络论坛，你可以在该论坛上对本书进行评论，提出技术问题，并从作者和其他用户那里获得帮助。要访问该论坛，请访问 https://forums.manning.com/forums/machine-learning-systems，还可以访问 https://forums.manning.com/forums/about 以了解 Manning 论坛和行为准则。

其他在线资源

- 有关 Scala 的更多信息以及有关如何学习该语言的各种资源的指南，请访问语言网站：www.scala-lang.org。
- Spark 项目站点包含非常优秀的文档和其他有用的 Spark 相关资源的指南：http://spark.apache.org。
- 同样，Akka 项目网站拥有非常有价值的文档和其他有用资源的链接：http://akka.io。
- Reactive Manifesto 是最近关注反应式系统的不错起点：www.reactivemanifesto.org。

我维护着一个与本书相关的网站，该网站汇集了关于反应式机器学习的讨论和其他资源：http://reactivemachinelearning.com。

作者简介

Jeff Smith 构建了强大的机器学习系统。在过去十年中，他一直致力于构建数据科学应用程序、团队和公司，使其成为位于纽约、旧金山和中国香港的各个团队的一部分。

目　录

第Ⅰ部分　反应式机器学习基础知识

第 1 章　学习反应式机器学习 ……3
1.1　机器学习系统的一个示例 ……4
1.1.1　构建原型系统 ……4
1.1.2　建立更好的系统 ……6
1.2　反应式机器学习 ……7
1.2.1　机器学习 ……7
1.2.2　反应式系统 ……12
1.2.3　使机器学习系统具有反应性 ……15
1.2.5　何时不使用反应式机器学习 ……19
1.3　本章小结 ……19

第 2 章　使用反应式工具 ……21
2.1　Scala，一种反应式语言 ……22
2.1.1　对 Scala 中的不确定性做出反应 ……23
2.1.2　时间的不确定性 ……24
2.2　Akka，一个反应式工具包 ……27
2.2.1　actor 模型 ……27
2.2.2　使用 Akka 确保回弹性 ……29
2.3　Spark，一个反应式的大数据框架 ……32
2.4　本章小结 ……37

第Ⅱ部分　构建反应式机器学习系统

第 3 章　收集数据 ……41
3.1　感知不确定数据 ……42
3.2　收集大规模数据 ……45
3.2.1　维护分布式系统中的状态 ……45
3.2.2　了解数据收集 ……50
3.3　持久化数据 ……50
3.3.1　弹性和回弹性数据库 ……51
3.3.2　事实数据库 ……52
3.3.3　查询持久化事实 ……54
3.3.4　了解分布式事实数据库 ……59
3.4　应用 ……63
3.5　反应性 ……64
3.6　本章小结 ……64

第 4 章　生成特征 ……67
4.1　Spark ML ……68
4.2　提取特征 ……69
4.3　转换特征 ……72
4.3.1　共同特征转换 ……74
4.3.2　转换概念 ……76
4.4　选择特征 ……77
4.5　构造特征代码 ……79
4.5.1　特征生成器 ……79
4.5.2　特征集的组成 ……83
4.6　应用 ……86

4.7 反应性……87
4.8 本章小结……88

第 5 章 学习模型……89
5.1 实现学习算法……90
5.1.1 贝叶斯建模……92
5.1.2 实现朴素贝叶斯……94
5.2 使用 MLlib……98
5.2.1 构建 ML 管道……99
5.2.2 演化建模技术……103
5.3 构建外观模式……105
5.4 反应性……111
5.5 本章小结……112

第 6 章 评估模型……113
6.1 检测欺诈……114
6.2 测试数据……115
6.3 模型度量……118
6.4 测试模型……123
6.5 数据泄漏……125
6.6 记录起源……126
6.7 反应性……128
6.8 本章小结……128

第 7 章 发布模型……129
7.1 农业的不确定性……130
7.2 持久化模型……130
7.3 服务模型……135
7.3.1 微服务……135
7.3.2 Akka HTTP……136
7.4 容器化应用……138
7.5 反应性……141
7.6 本章小结……142

第 8 章 响应……143
8.1 以海龟的速度移动……144
8.2 用任务构建服务……144
8.3 预测交通……146
8.4 处理失败……151
8.5 构建响应系统……155
8.6 反应性……156
8.7 本章小结……157

第Ⅲ部分 操作机器学习系统

第 9 章 交付……161
9.1 运送水果……161
9.2 构建和打包……162
9.3 构建管道……164
9.4 评估模型……165
9.5 部署……165
9.6 反应性……168
9.7 本章小结……168

第 10 章 演化智能……169
10.1 聊天……169
10.2 人工智能……170
10.3 反射代理……171
10.4 智能代理……172
10.5 学习代理……174
10.6 反应式学习代理……177
10.6.1 反应原则……177
10.6.2 反应策略……178
10.6.3 反应式机器学习……178
10.7 反应性……178
10.7.1 库……179
10.7.2 系统数据……179
10.8 反应性探索……181
10.8.1 用户……182
10.8.2 系统维度……182
10.8.3 应用反应原则……183
10.9 本章小结……184

附录……185

第Ⅰ部分

反应式机器学习基础知识

反应式机器学习将几种不同的技术领域结合在一起，本书的这一部分旨在确保你在所有这些领域都能够充分发挥作用。在本书中，你将从第 1 章开始研究和构建机器学习系统。如果你没有机器学习经验，那么熟悉它的工作原理非常重要。你还可以了解机器学习系统是如何在现实世界中构建所有问题的。掌握了这些知识，你将为另一个重要主题做好准备：反应式系统设计。将反应式系统设计技术应用于构建机器学习系统所面临的挑战是本书讲解的核心主题。

在对本书的内容有了大致的了解后，第 2 章的重点是介绍如何去做，该章介绍将在本书中使用的三种技术：Scala 编程语言、Akka 工具包和 Spark 数据处理库。这些技术很强大，你只能在第 2 章中进行学习。本书的其余部分将深入探讨如何使用它们来解决实际问题。

第1章

学习反应式机器学习

本章包括：

- 介绍机器学习系统的组件
- 了解反应式系统的设计范例
- 构建机器学习系统的反应方法

本书主要介绍如何构建机器学习系统，这些系统是一组能够从数据中学习并对未来做出预测的软件组件。本章讨论构建机器学习系统所面临的挑战，并提供一些克服这些挑战的方法。我们将看到的一个例子是一家初创公司，它试图从头开始构建一个机器学习系统，但是发现这非常困难。

如果你以前从未构建过机器学习系统，那么可能会发现它颇具挑战性，并且有点令人困惑。我的目标是让你在这个过程中少一些苦恼和神秘感。我不可能教你关于机器学习技术的所有知识，这需要大量的书籍。相反，我们将专注于如何构建一个能够充分利用机器学习能力的系统。

我将向你介绍一种全新的、效果更好的方法，以构建称为反应式机器学习的机器学习系统。反应式机器学习代表了反应式系统的思想与机器学习的独特挑战的结合。通过了解管理这些系统的原则，你将掌握如何构建功能更强大的系统，包括软件系统和预测系统。本章将介绍这种方法背后的具有激励性的思想，为你在本书其余部分学习诸多技巧奠定基础。

1.1 机器学习系统的一个示例

让我们设想一下以下情形：Sniffable 是“狗狗的 Facebook”，这是一家创业公司，总部设在纽约。使用 Sniffable 应用程序，很多狗狗主人发布他们狗狗的照片，其他狗狗的主人也会喜欢、分享和评论这些图片。网络的发展非常迅速，团队认为这里可能存在一个极好的机会。但是如果 Sniffable 真的要快速发展的话，很明显他们需要建立的不仅仅是标准的社交网络功能。

1.1.1 构建原型系统

Sniffable的用户被称为 sniffer(嗅探者)，并且都是为了宣传他们特定的狗狗。许多 sniffer 希望他们的狗狗能够在犬类中获得“名狗”地位。该团队有一个想法，sniffer 真正想要的是帮助他们发布帖子的工具，称为 pupdate，让它具有病毒式的传播能力。他们对这一新特点的最初概念就是一种具有竞争力的智能工具，适用于犬类的“舞台妈妈”(stage mom)，圈内称为 den Mother。研究人员相信，den Mother 拍了很多自己狗狗的照片，并试图弄清楚哪张照片会在 Sniffable 上产生最大的反响。该团队打算使用这个新工具，根据使用的主题标签来预测特定的 pupdate 可能获得的点赞数量。他们将该工具命名为 Pooch Predictor(狗狗预测器)。他们希望能够吸引 den Mother，帮助她们创建病毒式的内容，并发展整个 Sniffable 网络。

该团队求助于他们唯一的数据科学家，以便能让这个产品投入使用。最小可行产品的原始规格非常模糊，这位数据科学家已经很忙了，毕竟整个数据科学部只有他一个人。在几个星期的时间里，他拼凑出一个类似于图 1.1 所示的系统。

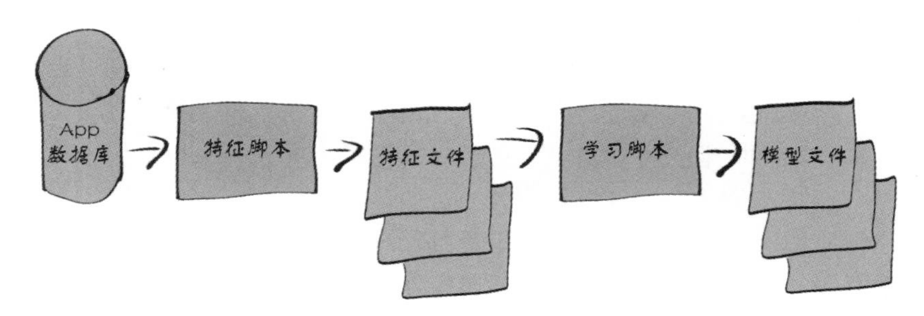

图 1.1 Pooch Predictor 1.0 架构

该系统已将所有原始的用户交互数据发送到应用程序的关系数据库中，因此数据科学家决定开始使用这些数据构建模型。他编写了一个简单的脚本，将他想要的数据转储到平面文件中。然后，他使用不同的脚本处理交互数据，以生成数据、特征和概念的派生表示。该脚本生成了 pupdate 的结构化表示、获得的点赞数量以及其他相关数据，例如与帖子相关联的主题标签。同样，这个脚本只是将输出转储到平面文件中。然后，他在自己的文件上运行模型学习算法，以生成一个模型，根据帖子的主题标签和其他数据来预测帖子的点赞数量。

这个预测产品的原型系统令该团队惊叹不已，于是他们立即对其进行工程化开发，以便尽快将其推向市场。他们指派了一名初级工程师，负责学习数据科学家的原型，并将其作为整个系统的一部分开始运行。该工程师决定将数据科学家的模型直接嵌入应用程序的后期创建代码中。这使得在应用程序中很容易显示预期的点赞数量。

在 Pooch Predictor 上线几周后，数据科学家突然发现预测变化不大，因此他向工程师询问建模管道的再训练频率，工程师不清楚数据科学家所说的意思。后来他终于明白了数据科学家是想要每天都在系统的最新数据上运行脚本。系统中每天都应该有一个新模型来替换旧模型。这些新要求改变了系统的构建方式，从而产生了如图 1.2 所示的架构。

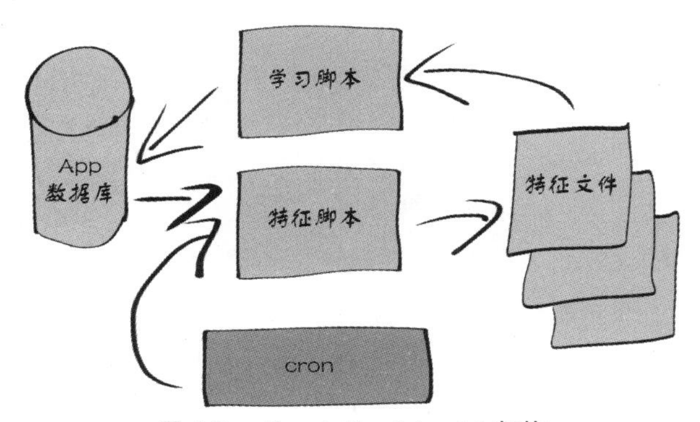

图 1.2　Pooch Predictor 1.1 架构

在这个版本的 Pooch Predictor 中，脚本每晚运行一次，由 cron 调度。它们仍将中间结果转储到文件中，但现在它们需要将模型插入应用程序的数据库中。现在，后端服务器负责生成应用程序中显示的预测。它会将模型从数据库中提取出来，并使用它为应用程序的用户提供预测。

这个新系统肯定比初始版本更出色，但在最初几个月的运行中，团队发现了几个痛点。首先，Pooch Predictor 不太可靠。数据库中的内容经常发生变化，这会导致某个查询出现失败的情况。另外，有些时候服务器上的负载过高，也会导致建模工作的失败。随着社交网络的规模和建模系统使用的数据集规模的增大，这种情况发生得越来越多。有一次，本应该运行数据处理作业的服务器也出现了故障，导致所有相关数据都丢失了。如果不建立更复杂的监控和警报架构，将很难发现这些类型的故障。但是，即使有人确实检测到系统中出现了故障，除了重新启动应用并希望这次能成功之外，我们什么都做不了。

除了这些大的系统级故障外，数据科学家还在 Pooch Predictor 中发现了其他的问题。他意识到在获得数据之后，某些特征未能从原始数据中正确提取出来，而且也很难理解对正在提取的特征的更改将如何影响建模性能，因此他感到有点无法对系统进行改进了。

另外，还存在一个重大的问题，该问题涉及整个团队。在几周的时间内，团队看到他们的互动率持续下降，但是无法给出真正的解释。接着，当有人测试应用程序的实时版本时，发现了 Pooch Predictor 中的一个问题。对于居住在美国以外地区的用户来说，Pooch Predictor 总是会预测出负的点赞数量。在互联网上的论坛中，心怀不满的用户表达了他们的愤怒情绪，因为他们的爱犬受到了“Pooch Predictor”功能的侮辱。Sniffable 团队发现了这个问题之后，他们迅速找到了问题所在——这是建模系统中基于位置的特征导致的问题。数据科学家和工程师想出了一个解决方案，问题随之消失了，但只有在国外的 sniffer 的信誉度严重受损的情况下才会出现该问题。

不久之后，Pooch Predictor 遇到了更多的问题。起因是这个数据科学家想要实现更多的特征提取功能，以尝试提高建模性能。在工程师的帮助下，他将更多的数据从用户应用程序发送回应用程序数据库。在新功能推出的当天，该团队立即看到了其中的问题。首先，应用程序的速度急剧下降。现在，发帖是一个非常费力的过程：每次单击“注册”按钮似乎都需要花费好几秒才能有反应。sniffer 对这些问题感到非常恼火。当 Pooch Predictor 开始给发帖带来更多问题时，事情变得越来越糟糕。事实证明，是新功能导致服务器抛出了很多异常，从而导致 pupdate 无法工作。

这时候，团队所有人都开始全力以赴来解决这一突发问题。他们认识到新功能存在以下两个主要问题：

- 需要一个事务来完成从应用程序向服务器发送数据的工作。当数据科学家和工程师在为建模而收集的数据总量上进一步添加更多的数据时，这个事务花费了太长的时间来为应用程序做出合理响应。
- 服务器中支持该应用程序的预测功能无法正确处理新特征。每次预测功能看到在应用程序的另一部分添加的任何新特征时，服务器都会抛出异常。

在了解了出现问题的地方后，团队迅速回滚所有新功能并将应用程序恢复到之前的正常运行状态。

1.1.2 建立更好的系统

团队中的每个人都认为他们构建机器学习系统的方式出了问题，于是他们开始对整个过程进行反思，以找出问题所在，并进一步确定他们将来如何才能做得更好。得出的结果是：Pooch Predictor 的替代方案需要具备以下功能。

- 无论预测系统有任何问题，Sniffable 应用程序都必须保持响应。

- 预测系统必须大大减少与系统其他部分的紧密耦合。
- 无论系统本身的高负载或错误如何，预测系统都必须具有可预测性。
- 不同的开发人员应该更容易对预测系统进行更改而不会破坏其他功能。
- 代码必须使用不同的编程技法，以确保当被兼容使用时可以获得更好的性能。
- 预测系统必须更好地度量建模性能。
- 预测系统应该支持演化和变化。
- 预测系统应支持在线实验。
- 人们应该很容易监督预测系统，并迅速纠正任何不良行为。

1.2　反应式机器学习

在前面的例子中，似乎 Sniffable 团队错过了一些大事，对吧？他们构建了最初看起来像是一个很有用的机器学习系统，为其核心产品增加了价值。但是，他们在那里遇到的所有问题显然都是要付出代价的。机器学习系统的生产问题经常使团队无法从事提升系统能力的工作，即使他们拥有一群聪明人在认真思考如何预测基于社交网络的狗的动态，但是他们的系统还是再次遭遇了失败。

1.2.1　机器学习

建立机器学习系统来完成它们应该完成的事情是非常困难的，但并非不可能。在我们的示例故事中，数据科学家知道如何进行机器学习。Pooch Predictor 完全可以在他的笔记本电脑上运行，并根据数据做出预测。但数据科学家并没有将机器学习视为一种应用，他只把机器学习理解为一种技术。Pooch Predictor 没有始终如一地产生可靠而准确的预测。无论是作为一个预测系统，还是作为一个软件，这都是一种失败。

本书将向你展示如何构建机器学习系统，使之与最好的 Web 移动应用程序一样出色。但是，了解如何构建这些系统将要求你将机器学习视为一种应用程序，而不仅仅是一种技术。我们将建立的系统不会在他们的任务中出现失败的情形。

在 1.2.2 节中，我们将介绍构建机器学习系统的反应式方法。但是，首先我想理清机器学习系统是什么，以及它与仅使用机器学习作为一种技术的区别。为此，必须介绍一些术语。如果你具有机器学习方面的经验，其中一些术语可能看起来很基础，但请耐心一些。这里与机器学习相关的术语可能存在非常不一致的定义和使用，所以我需要明确一下我们正在谈论的内容。

功能与实现

这篇简短的介绍只着重于确保你对机器学习系统的功能有足够的导向性。本书侧重于机器学习系统的实现，而不是机器学习本身的基础知识。如果你发现自己需要获得更好的关于机器学习所使用技术和算法的介绍，建议阅读 Henrik Brink、Joseph W. Richards 和 Mark Fetherolf 的著作 *Real-World Machine Learning*(Manning，2016)。

最简单的机器学习是一种从数据中进行学习和预测的技术。要进行机器学习，你必须获取一些数据、学习模型，并使用学习模型进行预测。使用这个定义，我们可以设想一个更加原始的 Pooch Predictor 示例。它可能是一个程序，用以查询应用程序数据库中最流行的狗狗的品种——法国斗牛犬(French Bulldog)，事实证明的确如此，并告诉应用程序，所有包含法国斗牛犬的帖子将获得更多点赞。

机器学习的这个最简单的定义遗漏了许多相关细节。大多数现实世界的机器学习系统需要做的远不止这些。它们通常需要具有图 1.3 所示的所有组件或阶段。

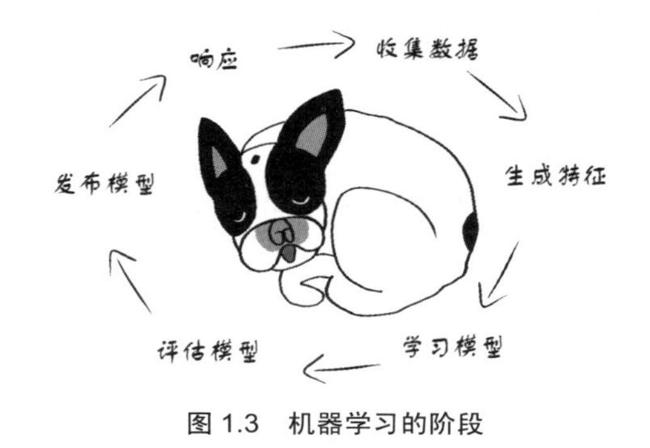

图 1.3　机器学习的阶段

一开始，机器学习系统必须从外部世界收集数据。在 Pooch Predictor 示例中，团队试图通过使用应用程序已有的数据来跳过这个问题。毫无疑问，这种方法很便捷，但是它将 Sniffable 应用程序的数据模型与 Pooch Predictor 的数据模型紧密耦合起来。如何收集和持久化机器学习系统所需的数据是一个很重要的主题，因此我将利用整个第 3 章向你展示如何设置系统才能获得成功。

一旦系统中包含了数据，数据就很少能够发送到机器学习算法中。大多数机器学习算法被应用于原始数据的派生表示中，称为实例(instance)。图 1.4 显示了通用语法(LIBSVM)中实例的各个部分。

我们可以使用许多不同的语法来表达实例，因此不必担心任何特定语法的细节。无论如何表示，实例总是由相同的组件组成。

特征是在你尝试进行预测时，从与预测的实体相关的原始数据中派生的有意义的数据点。Sniffable 的一个特征示例是给定狗狗拥有的朋友的数量。在图 1.4 中，使用唯一的 ID 字段和特征值表示特征。特征编号 978，可能代表 sniffer 的朋友中雄性狗狗的比例，值为 0.24。通常，机器学习系统可以从可用的原始数据中提取许多特征。给定实例的特征值统称为特征向量。

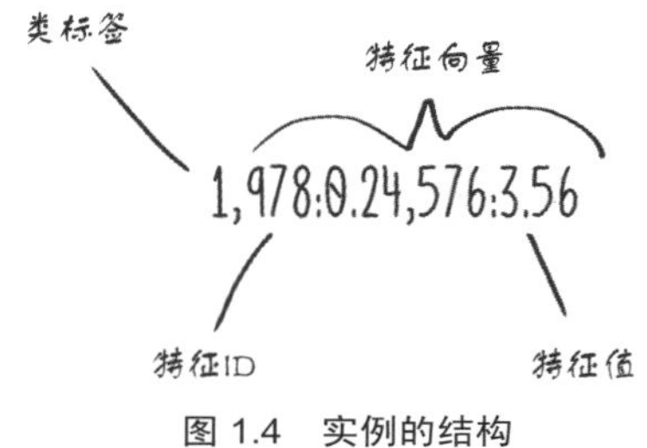

图 1.4　实例的结构

概念(concept)就是系统试图想要预测的事物。在 Pooch Predictor 的背景下，概念就是给定帖子接收的点赞数量。如果一个概念是离散的(不是连续的)，它可以被称为类标签(class label)，你经常会看到在机器学习库(例如 MLlib，我们将在本书中使用它)的相关内容中使用的单词标签。

只有某些机器学习的问题涉及以类标签的形式提供的概念。这种机器学习方式被称为监督学习(supervised learning)，本书中的大多数材料都集中在这种类型的机器学习问题上，尽管反应式机器学习也可以应用于无监督学习问题。

如何定义和实现最好的特征及概念以表示尝试解决的问题，构成了现实世界中机器学习的大部分工作。从应用程序的角度看，这些任务是数据管道的开始。构建那些能够可靠、一致且可伸缩地完成任务的管道，需要有针对应用程序架构和编程风格的原则方法。第 4 章以特征生成为目标，讨论机器学习系统这一部分的反应式方法。

使用刚才描述的数据，你现在可以学习模型了。你可以将模型视为从特征映射到预测概念的程序，下面的代码清单 1.1 是以简单的 Scala 实现。

代码清单 1.1　一个简单模型

```
def genericModel(f: FeatureVector[RawData]): Prediction[Concept] = ???
```

学习模型发生在数据管道的后半部分。由 Pooch Predictor 生成的模型作为一个程序，将主题标签数据的特征表示作为输入，并返回给定 pupdate 可能接收到的预测的点赞数量，如下面的代码清单 1.2 所示。

代码清单 1.2　一个 Pooch Predictor 模型

```
def poochPredictorModel(f: FeatureVector[Hashtag]): Prediction[Like] = ???
```

在管道的同一阶段，你需要开始解决模型构建中出现的几种不同类型的不确定性。因此，在管道的模型学习阶段要关注的就不仅仅是学习模型这一项内容了。在第5章中，我将讨论你在机器学习系统的模型学习子系统中需要考虑的各种问题。

接下来，你需要使用这个模型，并通过发布它以使其变得可用。模型发布(Model Publishing)意味着使模型程序在其学习的环境之外具有可用性，以便它可以对以前从未见过的数据进行预测。在机器学习系统的这一部分出现的困难很容易被忽视，而 Sniffable 团队恰恰在其初始实现过程中忽略了它。他们甚至没有设置系统来定期对模型进行重新训练。他们在接下来的实现模型再训练的方法上也遇到了困难，导致他们的模型与特征提取器不同步。实际上有更好的方法可以做到这一点(提示：要考虑不变性)，我将在第 6 章讨论该方法。

最后，你需要为你的学习模型实现一项功能，用于预测新实例中的概念，本书的后面称之为响应(responding)。这是机器学习系统的关键，而在 Pooch Predictor 系统中，这正是经常会出问题的地方。鉴于 Sniffable 团队以前从未真正建立过这样的机器学习系统，因此他们的想法在遇到严酷的现实时会有一些痛点就不奇怪了。他们遇到一些问题的根源在于他们将预测系统视为需要记录购买交易业务的应用程序。依赖强一致性保障的方法不适合于现代分布式系统，并且这与机器学习系统中普遍存在的内在不确定性是不同步的。Sniffable 团队遇到的其他问题与他们未以动态的方式考虑系统有关。机器学习系统必须具备演化能力，他们必须通过实验来支持这种演化的并行实现。最后，没有太多的功能可以支持处理预测请求。

以权宜的方式设计架构，Sniffable 团队的方法显得非常普通。

许多机器学习系统看起来很像图 1.5 所示的架构。

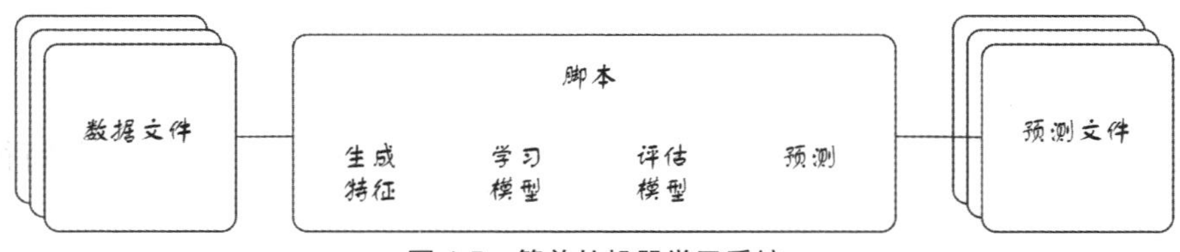

图 1.5　简单的机器学习系统

从如此简单的事情开始并没有错。但是这种方法缺乏最终需要的许多系统组件，并且已实现的组件具有较差的组件边界。此外，对于这个系统必须具备的各种特性来说，如果它服务于多个用户的话，则缺乏充分的考虑。总之，这种方法是比较简单的。

本书介绍的构建机器学习系统的方法很简单。该方法基于大量的现实经验，而这些经验包含了诸多的机器学习系统挑战。我们将在本书中看到的各种系统都是非同寻常的，并且通常具有复杂的架构。总的来说，它们将符合图 1.6 所示的方法。

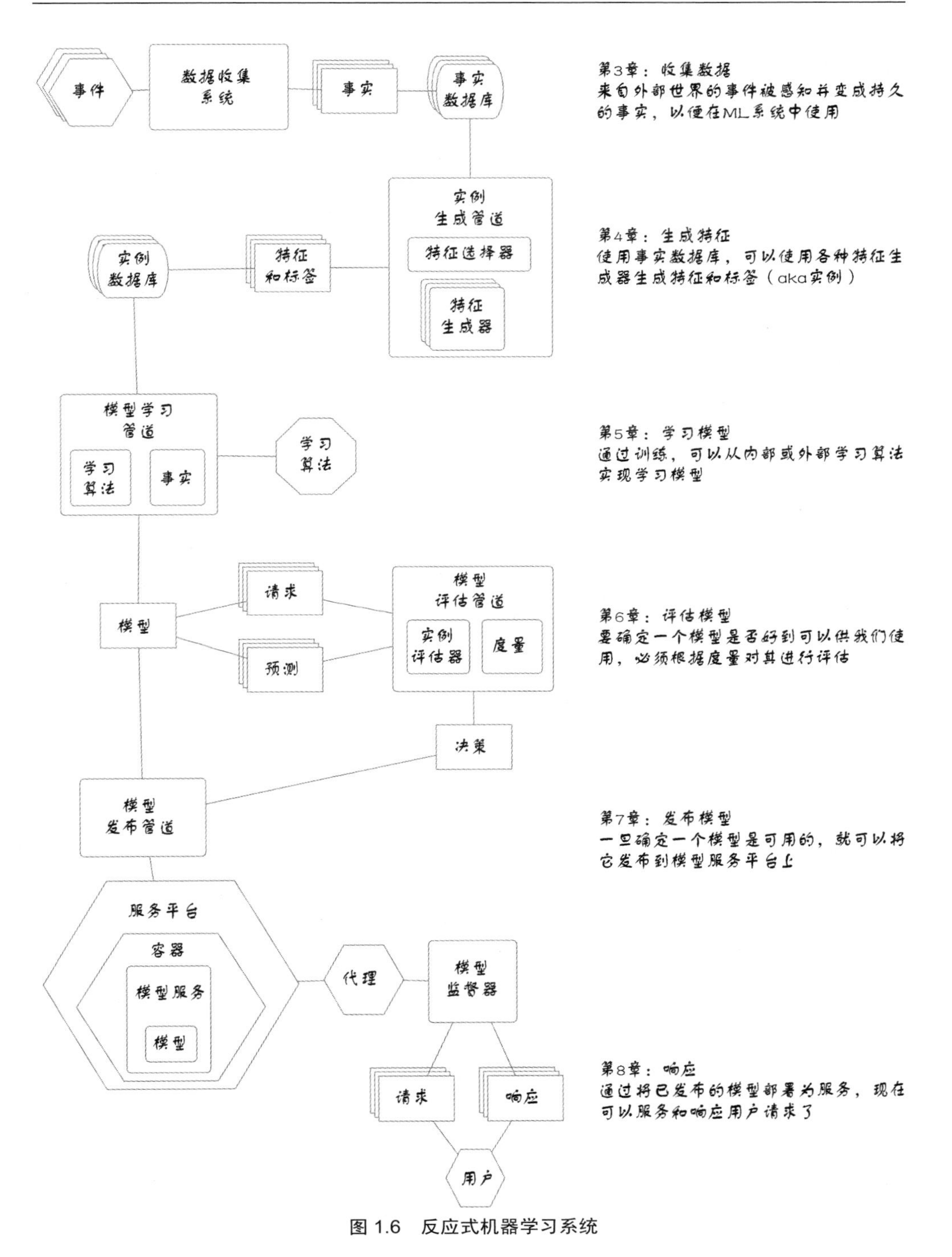

图 1.6　反应式机器学习系统

为什么需要使用如此复杂的架构来构建机器学习系统？原因可能并不明显，但我请你耐心等待。在每一章中，我将向你展示系统中的这一部分必须解决哪些挑战，以及对机器学习如何采用更积极的方法才能更好地工作。要做到这一点，我应该向你介绍更多关于反应式系统的背景知识。

1.2.2　反应式系统

现在你已经了解了更多关于机器学习系统的内容，我想概述一下我们将用于构建成功系统的一些想法和方法。我们将从反应式系统范式(Reactive Systems Paradigm)开始。反应式系统由四个特性和三个策略定义。作为一个整体，范式是一种编码方法，用于构建在交互性和可用性等方面能够满足现代用户期望的系统。

反应式系统特性

反应式系统具有四个特性，参见图 1.7。

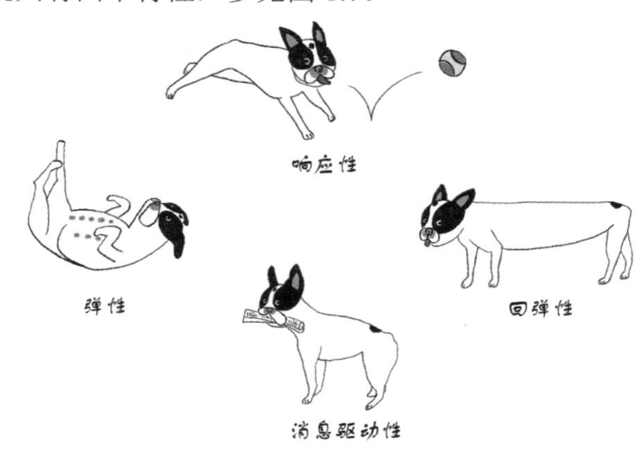

图 1.7　反应式系统的特性

首先，也是最重要的，反应式系统具有响应性，这意味着它们始终能够及时地回复用户。响应能力是一个至关重要的前提，在此基础上才能够开展所有未来的研发工作。如果系统没有响应用户，那么它就没用了。想想 Sniffable 团队吧！由于他们的机器学习系统响应能力差，导致 Sniffable 应用程序大幅减速。

为了支持响应性，反应式系统必须具有回弹性(resilience)；他们需要在面对失败时保持响应能力。无论是硬件故障、人为错误还是设计缺陷，软件总是会崩溃，正如 Sniffable 团队所发现的那样。即使事情没有按计划进行，提供某种可接受的响应也是确保用户将系统视为具有反应性的关键部分。如果一个应用程序有一半时间处于不好用的状态，那么当它好用的时候，它的速度是否很快对大家来说就不重要了。反应式系统还必须具有弹性(elasticity)；尽管负载在不断变化，但是他们仍需要保持响应能力。弹性的概念与可伸缩性并不完全相同，尽管两者是相似的。弹性系统应对负载的增加或减少做出响应。当他们的流量不断增加而 Pooch

Predictor 系统无法跟上负载时，Sniffable 团队发现了这一问题。这正是缺乏弹性的情况。

最后，反应式系统是消息驱动的；它们通过异步和非阻塞的消息传递进行通信。消息传递方法与直接进程内通信或其他形式的紧耦合形成了对比。关于一种确保松散耦合的更显式方法是如何解决 Sniffable 示例中出现的若干问题的，是非常容易理解的。基于消息传递组织起来的松散耦合系统可以更容易地检测故障或负载问题。此外，具有这种特性的设计有助于包容任何错误产生的影响，这些影响针对的是那些与坏消息有关的合理信息，而不是像 Pooch Predictor 中那样需要立即解决的产品问题。

反应式方法当然可以应用于 Sniffable 团队在其机器学习系统中遇到的问题。这四个特性表示了一种连贯而完整的系统设计方法，可以从根本上改善系统。这样的系统比简单设计出的系统能够更好地满足他们的要求，而且这些系统更具趣味性。毕竟，当你可以向忠诚的 sniffer 发送极好的新的机器学习功能时，谁还在乎以前的问题呢?

这些特性听起来的确不错，但它们并不是很好的计划。你如何建立真正具有这些特性的系统？消息传递是答案的一部分，但并不是全部。正如你所见到的，对于机器学习系统来说，可能很难得到一个正确的答案。它们面临着独特的挑战，可能需要独特的解决方案，而这在传统业务应用程序中是不会出现的。

响应策略

在本书中，构建一个反应式机器学习系统的关键部分是使用图 1.8 所示的三个响应策略。

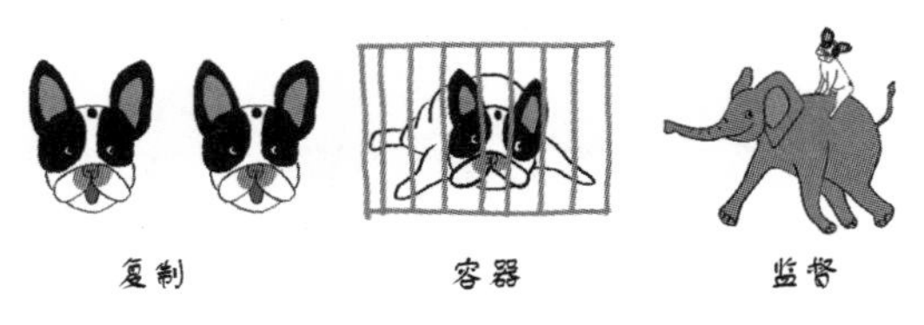

图 1.8　响应策略

首先，这些反应式系统使用复制策略。它们拥有可以同时在多个地点执行的相同组件。一般来说，这意味着应该冗余地存储或处理数据，无论数据是静止的还是运动的。

在 Sniffable 示例中，当运行模型学习作业的服务器出现故障时，这段时间没有任何学习模型。显然，复制可能对此有所帮助。如果存在两个或两个以上的模型学习作业，其中一个作业的失败产生的影响会比较小。复制可能听起来很浪费，但它是解决方案的开始。正如你将在第 4 章和第 5 章中看到的那样，你可以使用

Spark 在你的建模管道中构建复制。Spark 不要求你始终执行两个管道，而是为你提供自动的、细粒度的复制，以便系统可以从故障中恢复。本书侧重于使用 Spark 等高级工具来应对管理分布式系统的挑战。依靠这些工具，你可以轻松地在机器学习系统的每个组件中使用复制。

接下来，反应式系统使用容器来防止系统的任何单个组件的故障影响到任何其他组件。术语“容器”可能会让你考虑 Docker 和 rkt 等特定技术，但这种策略与任何一种实现无关。可以使用许多不同的系统来实现容器，包括本地的系统。关键是要防止我们在 Pooch Predictor 中看到的级联故障，并在结构级别上做到这一点。

考虑 Pooch Predictor 中出现的问题，即模型和特征不同步，导致模型服务期间出现异常。这只是一个问题，因为模型服务功能未得到充分的容器化。如果将模型部署为容器化的服务，并通过消息传递与 Sniffable 的 App 服务器通信，那么不可能像它之前那样出现传播失败的问题。图 1.9 显示了该架构的一个示例。

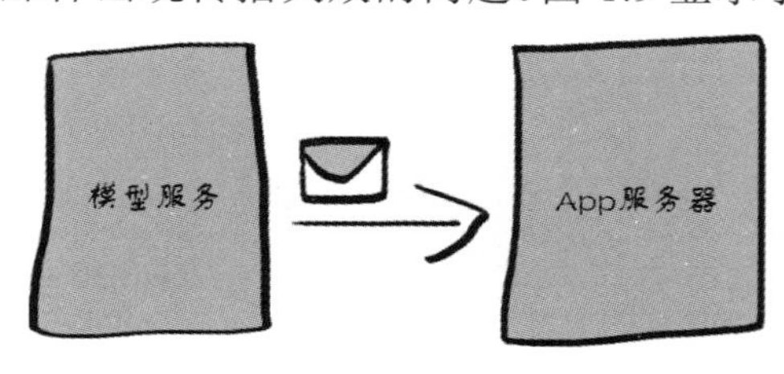

图 1.9 容器化的模型服务架构

最后，反应式系统依靠监督策略来组织组件。使用此策略实现系统的时候，你将显式地标识可能失败的组件，并确保其他组件负责它们的生命周期。监督策略为你提供了一个控制点，你可以确保通过系统的真实运行时的行为来实现响应特性。

Pooch Predictor 系统没有系统级监督。当系统出现问题时，这个令人遗憾的疏漏让 Sniffable 团队陷入了困境。如图 1.10 所示，更好的方法是将监督直接建立于系统本身。

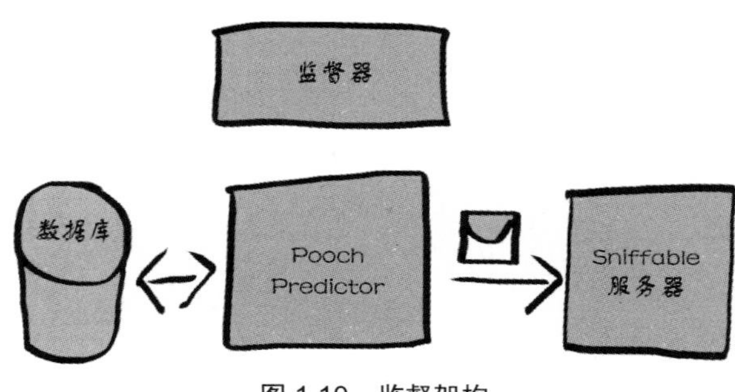

图 1.10 监督架构

在这种结构中，模型监督器观察发布的模型。如果它们的行为偏离可接受的界限，监督器将停止向他们发送请求预测的消息。事实上，模型监督器甚至可以完全摧毁它所知道的糟糕模型，使系统具有潜在的自我修复能力。我将在第 6 章和第 7 章中开始讨论如何实现模型监督，并且在本书的其余部分，我们将继续探索监督策略的强大应用。

1.2.3　使机器学习系统具有反应性

对反应式系统具有一些了解之后，我们开始讨论如何将这些想法应用于机器学习系统。在反应式机器学习系统中，我们仍然希望我们的系统具有与反应式系统相同的特性，并且可以使用所有相同的策略。但我们可以做更多的工作来解决机器学习系统独特的特性。到目前为止，我已经解释了许多最基础的问题，但还没有告诉你如何实现新的预测功能。最终，反应式机器学习系统使你能够通过更好的预测来实现价值。这就是反应式机器学习值得理解和应用的原因。

反应式机器学习方法基于对机器学习系统中数据特性的两个关键见解：它们是不确定的，并且实际上是无限的。从这两个见解中，涌现出四种策略，如图 1.11 所示，这将有助于我们建立反应式的机器学习系统。

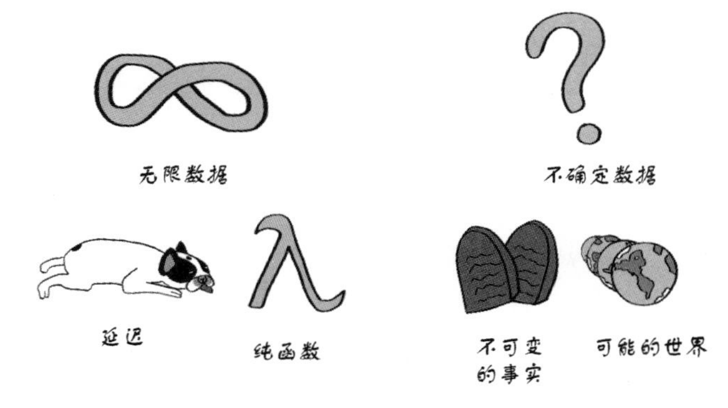

图 1.11　反应式机器学习数据和策略

首先，让我们考虑一下 Pooch Predictor 系统可能需要处理多少数据。理想情况下，凭借其新的机器学习能力，Sniffable 将迅速崛起并看到大量的流量。但是，即使没有发生这种情况，也仍然无法知道用户想要考虑多少可能的 pupdate，从而发送到 Pooch Predictor 系统。想象一下，必须预测 sniffer 可能在 Sniffable 上发布的每个可能的帖子。有些帖子的内容是关于大狗的，有些则是关于小狗的。有些帖子会使用过滤器，有些则未做任何处理。有些帖子会有丰富的主题标签，有些帖子则没有任何注释。一旦考虑了任意参数对特征值的影响，可能的数据表示范围就会变得无限大。

具体有多少原始数据可供 Pooch Predictor 使用并不重要。我们总是假设对于一个线程或一台服务器来说，数据量特别庞大。但是，面对这种无限制的范围，反应式机器学习并没有放弃，而是采用两种策略来管理无限数据。

首先，它依赖于延迟(laziness)，也称为执行延迟，将执行的函数组合与其实际执行分开。延迟不是一种坏习惯，而是一种强大的评估策略，可以极大地改善数据密集型应用程序的设计。

通过在机器学习系统的实现中使用延迟，你会发现用无限流来理解数据流要比用有限批处理来理解数据流容易得多。此开关可为系统的响应性和实用性带来巨大的好处。我将在第 4 章中展示如何使用延迟来构建机器学习管道。

类似地，反应式机器学习系统通过将转换表示为纯函数(Pure Functions)来处理无限数据。纯函数是什么意思？首先，对函数求值不能导致某种副作用，例如更改变量或执行 I/O 的状态。此外，在给定相同参数时，函数必须始终返回相同的值。后一种属性称为引用透明度(Referential Transparency)。通过编写维护此属性的机器学习代码，可以使数学转换的实现不论是表面上还是行为上都与它们在数学中的表达非常相似。

纯函数是一种称为函数式编程的编程风格中的基本概念，我们将在本书中使用它。从本质上讲，函数式编程就是用函数进行计算。在函数代码中，函数可以作为参数传递给其他函数。这些函数称为高阶函数，我们将在本书的代码示例中使用这个习惯用法。像高阶函数这样的函数式编程习惯是使 Scala 和 Spark 等反应式工具如此强大的关键。

本书强调使用函数式编程不仅仅出于风格上的考虑。函数式编程是驯服需要推理数据的复杂系统的最强大工具之一，尤其是无限数据。最近函数式编程越来越流行，主要是由于其在构建大数据架构方面的应用。使用函数式编程技术，我们将能够保证系统的正确性，并将其扩展到一个新的水平。正如第 4 章和第 6 章中讨论的那样，在实现特征提取和预测这两个功能的问题上，纯函数可以提供真正的解决方案。

接下来，让我们来看看 Pooch Predictor 对 Sniffable 及其用户了解多少。它拥有 sniffer 创建、查看和喜欢 pupdate 的记录。这些知识来自于主应用程序的数据库。正如我们所看到的，由于操作问题，应用程序有时会丢失 sniffer 对某个特定 pupdate 努力点赞的数据，而这种数据的丢失改变了 Pooch Predictor 构建的概念。类似地，Pooch Predictor 关于在给定时间看到的特征值的视图经常受到其代码或主应用程序代码中错误的阻碍。这都是由机器学习系统中固有的、普遍存在的不确定性导致的。

机器学习模型及其所做的预测总是近似的，并且只在总体上是有用的，它并不像 Pooch Predictor 能够确切地知道一个特定的 pupdate 可能会得到多少点赞。即使在进行预测之前，机器学习系统也必须处理机器学习系统之外的现实世界的不确定性。例如，使用#adorabull 标签的 sniffer 是否与使用#adorable 标签的 sniffer 相同，或者应该将其视为不同的特征？

真正的反应式机器学习系统会将这种不确定性融入系统的设计中，并使用两种策略来管理它：不可变的事实(immutable fact)和可能的世界(possible world)。使用事实来管理不确定性可能听起来很奇怪，但这正是我们要做的。考虑 sniffer 发布 pupdate 的位置，记录位置数据的一种方法是记录应用程序报告的准确位置，以备之后在地理特征中使用，如表 1.1 所示。

表 1.1　pupdate 位置数据模型

pupdate_id	位置
123	Washington

但是在 pupdate 工作时，由应用程序确定的位置具有不确定性；这只是手机上传感器的读数结果，具有非常粗略的精确度。sniffer 可能在华盛顿广场公园，也可能不在那里。此外，如果一个 future 特征试图捕捉东格林威治村和西格林威治村之间的明显差异，那么这个数据模型将给出一个精确的但可能错误的视图，即这个 pupdate 来自于距离东部或西部多远的地方。

更丰富、更准确地记录该数据的方法是使用原始位置读数和期望的不确定半径，如表 1.2 所示。

表 1.2　调整的 pupdate 位置数据模型

pupdate_id	经度	纬度	半径
123	40.730811	-73.997472	1.0

这个调整后的数据模型现在可以表示不可变的事实。这些数据可以写一次，但不再被修改，就像刻在石头上一样。使用不可变的事实使我们能够在特定时间点推断出世界的不确定视图。这对于在机器学习系统中创建准确的实例和许多其他重要的数据转换至关重要。拥有系统生命周期内发生的所有事实的完整记录还可以实现重要的机器学习，例如模型实验和自动模型验证。

为了理解应对不确定性的另一种策略，让我们考虑一个相当简单的问题：在接下来的一小时里，关于法国斗牛犬的 pupdate 会得到多少点赞?为了回答这个问题，让我们把它分成几个部分。

首先，在接下来的一小时内会提交多少个 pupdate?有多种方法可以回答这个问题。我们可以采用历史平均速率，比如 6500。但是提交的 pupdate 数量会随着时间的推移而变化，因此我们也可以为图 1.12 所示的数据拟合一行。使用这个模型，我们可能会在接下来的一小时内看到 7250 个 pupdate。

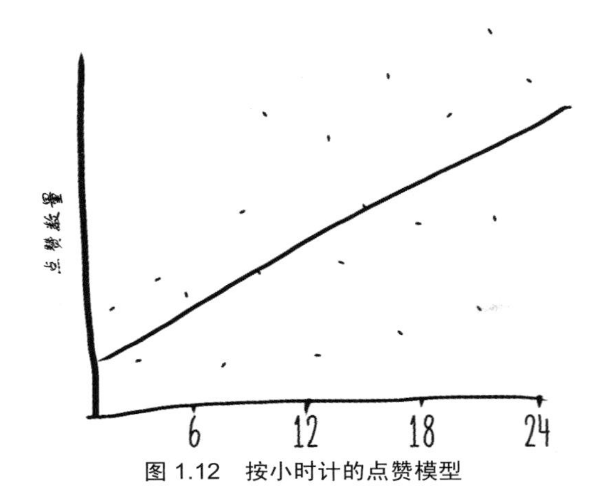

图 1.12　按小时计的点赞模型

此外，我们还需要知道这些 pupdate 会收到多少点赞。同样，我们可以采用历史平均值，在这种情况下，每个 pupdate 会给我们 23 个点赞。或者，我们可以使用一个模型，该模型必须应用于最近的一些数据样本，以了解最近的流量所获得的点赞。这个模型的结果是，普通的 pupdate 将获得 28 个点赞。

现在，我们需要以某种方式组合这些信息。表 1.3 显示了我们可在最终的预测过程中使用的预测模型。

表 1.3　可能的预测值

模型类型	pupdate	点赞数量/pupdate
历史模型	6500	23
机器学习模型	7250	28

我们决定使用历史值来回答，在接下来的一小时内预期得到的点赞数量是 6500×23 = 149 500。或者，我们可以决定使用机器学习模型，得到的值是 7250×28 = 203 300。我们甚至可以决定将 pupdate 的历史数量与基于模型的每个 pupdate 的点赞预测值相结合，得到 6500×28 = 182 000。我们的不确定数据的这些不同视图可以被视为可能的世界。

在接下来一小时的 Sniffable 流量中，我们不知道自己最终会身处其中的哪个世界，但我们可以使用这些信息做出决策，例如确保服务器准备好在一小时内处理超过 200 000 个点赞。可能的世界将构成我们对机器学习系统中存在的所有不确定数据进行查询的基础。这种策略的适用性存在限制，因为无限数据可以产生无限可能的世界。但是，通过使用可能的备选世界的概念构建我们的数据模型和查询，我们将能更有效地推断我们系统中潜在结果的真实范围。

使用讨论过的所有策略，很容易想象出 Sniffable 团队会将 Pooch Predictor 系统重构为更强大的系统。反应式机器学习方法使得构建机器学习系统成为可能，该系统具有较少的问题，并且允许演化和改进。这绝对是一种不同于我们在最初的 Pooch Predictor 示例中看到的方法，并且这种方法基于更稳固的基础。反应式机器学习将分布式系统、函数式编程、不确定数据和其他领域的思想结合在一起，以一致的、务实的方式构建现实世界中的机器学习系统。

1.2.5　何时不使用反应式机器学习

公平地说，是否所有的机器学习系统都应该使用反应式方法来构建。答案是否定的。

在机器学习系统的设计和实现过程中，考虑反应式机器学习的原理是有益的。根据定义，机器学习问题与不确定性的推理有关。从不可变事实和纯函数的角度进行思考，对于实现任何类型的应用程序都是非常有用的。

但是，本书中讨论的方法是一种轻松构建复杂系统的方法，而且一些机器学习系统不需要那么复杂。某些系统不会受益于使用消息传递语义，这种语义假定有多个独立执行的进程。研究原型是构建机器学习系统的完美方式，不需要反应式机器学习系统的强大功能。当构建一个临时系统时，建议你遵从本书列出的所有规则，或者打破这些规则。建立一个可以自由使用的机器学习系统的明智方法就是采取比反应式方法更为折中的实现方案。如果正在构建这样的临时系统，请参阅我在编程马拉松(hackathons，http://mng.bz/981c)中构建的机器学习系统的指南。

1.3　本章小结

- 即使简单的机器学习系统也会失败。
- 机器学习应视为一种应用，而不是一种技术。
- 机器学习系统由以下五个组件或阶段组成：
  - 数据收集组件将来自外部世界的数据注入机器学习系统中。
  - 数据转换组件将原始数据转换为数据的有用派生表示：特征和概念。
  - 模型学习组件从特征和概念中学习模型。
  - 模型发布组件使模型可用于进行预测。
  - 模型服务组件将模型连接到预测请求。
- 反应式系统设计范例是构建更好系统的一致方法：
  - 反应式系统具有响应性、回弹性、弹性和消息驱动性。
  - 反应式系统使用复制、容器化和监督策略作为维持响应性的具体方法。

- 反应式机器学习是反应式系统方法的扩展，解决了构建机器学习系统的具体挑战：
  - 机器学习系统中的数据实际上是无限的。延迟或执行延迟是一种无限数据流的构想方式，而不是有限的批处理。无须考虑上下文如何，无副作用的纯函数是通过确保函数的行为可预测来帮助管理无限数据的。
  - 不确定性在机器学习系统的数据中是固有的且普遍存在的。以不可变事实的形式编写所有数据可以更容易地推断出在不同时间点查看不确定数据。可以将不确定数据的不同视图视为可以查询的可能世界。

在第 2 章中，将介绍用于构建反应式机器学习系统的一些技术和技巧。你将看到反应式编程技术如何在没有复杂代码的情况下处理复杂的系统动态。还将介绍两个功能强大的框架——Akka 和 Spark，你可以使用它们轻松且快速地构建极其复杂的反应式系统。

第 2 章

使用反应式工具

本章包括：
- 使用 Scala 管理不确定性
- 通过 Akka 实现监督和容错
- 使用 Spark 和 MLlib 作为分布式机器学习管道的框架

为了准备构建全面的反应式机器学习系统，你需要熟悉 Scala 生态系统中的一些工具：Scala 编程语言、Akka 工具包和 Spark 包。在本书中，我们将在 Scala 中编写应用程序，因为它为函数式编程提供出色的支持，并已成功用于构建各种反应式系统。有时候，你会发现 Akka 可以作为一种有用的工具，通过实现 actor 模型来提供回弹性和弹性。其他时候，你将希望使用 Spark 来构建大规模的管道作业，如特征提取和模型学习。在本章中，你将开始熟悉这些工具，从第 3 章开始，我将向你展示如何使用它们来构建反应式机器学习系统的各种组件。

可以用来构建反应式机器学习系统的工具并不仅限于这些。反应式机器学习是一系列想法，而不是具体实现。但是，本章所示的技术对于反应式机器学习都非常有用，这在很大程度上是因为它们的设计对反应式技术提供了强大的支持。即使我向你介绍了这些工具的工作原理，你也可以使用其他工具将这些方法应用于使用其他语言构建的系统。我将向你介绍本书的工具链，用以解决世界上最重要的一类问题：寻找下一个脱颖而出的流行歌星。《好莱坞明星》(*Hollywood Star*)是一个犬类的歌唱比赛。每周，来自全国各地的没有名气的狗狗在三名评委面前唱歌。然后，观众在家里投票决定哪只狗狗有什么本事能成为下一个好莱坞明星。这种投票机制是该节目获得巨大成功的关键。在每个星期，观众都会根据歌手的演唱来调整投票。

这种观众参与的动态情况由一套复杂的应用程序支持，这些都是你在本章中将要关注的内容。你将主要处理投票功能。由于竞赛的受欢迎程度和不可预测性，将会出现一些棘手的情况。一旦投出今天的选票，我们将尝试使用机器学习来预测未来的投票模式。

2.1　Scala，一种反应式语言

在本书中，所有的例子都是用 Scala 编写的。如果你之前没有使用过 Scala，请不要担心。如果你精通 Java 或类似的主流语言，就可以快速学习足够丰富的 Scala 知识，从而开始构建强大的机器学习系统。Scala 确实是一种庞大而丰富的语言，可能需要很长时间才能掌握。但是你的大部分时间都在使用 Scala 本身的强大功能，而不必自己编写非常复杂的代码。本节并不试图向你介绍 Scala 中所有令人惊叹的功能，而是重点介绍支持反应式编程和不确定性推理的语言特性。

要开始进行 Scala 编程，需要为 *Hollywood Star* 构建一些投票应用程序。应用程序的架构如图 2.1 所示。

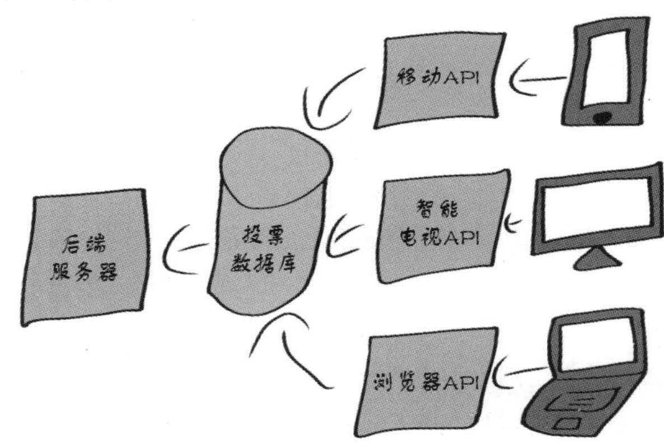

图 2.1　*Hollywood Star* 投票应用程序的架构

各种面向用户的移动和网络应用程序负责将全球 *Hollywood Star* 观众的投票发送给后端服务器。后端服务器负责接收这些投票并将它们转发到应用程序数据库。然后，其他可视化应用程序负责查询该数据库并显示当前结果。这些应用程序包括复杂的内部分析仪表板，以及简单的面向公众的移动应用程序，如图 2.2 所示。

这个系统非常简单，但即便简单的系统也隐藏着复杂性。请考虑以下问题：

- 记录每次投票需要多长时间？
- 后端服务器在等待每个投票持续时会做什么？
- 可视化应用程序如何保持尽可能是最新的？

- 如果负载急剧增加会发生什么？

图 2.2　投票结果移动应用程序

最近，缘于社交媒体上的大量关注，*Hollywood Star* 的受欢迎程度呈爆炸式增长。这个投票应用程序需要为即将到来的第 2 季预期产生的关注热潮做好准备。当观众锁定下一个脱颖而出的明星时，我们有理由预计这个投票应用程序将受到流量上的冲击。

但是你无法预先知道这种流量峰值会有多大。像这样预测未来有一定的内在不确定性。

尽管如此，这个投票应用程序必须为不确定的未来做好准备。值得庆幸的是，Scala 拥有处理不确定性和适当反应性的工具。

2.1.1　对 Scala 中的不确定性做出反应

在我们讨论更复杂的分布式系统之前，让我们讨论一些可用于管理 Scala 中的不确定性的基本技术。让我们从一些相当简单的代码开始，这些代码使你能够开始探索 Scala 的丰富性。你的初始实现不代表产品级的 Scala 代码，而是对 Scala 中不同对象类型工作机制的基本探索。

在下面的代码清单 2.1 中，将创建一个简单的 Howler 集合以及它们当前拥有的投票数。然后，你将尝试检索一个流行的 Howler 的投票计数。

代码清单 2.1　投票图

```
val totalVotes = Map("Mikey" -> 52, "nom nom" -> 105)
val naiveNomNomVotes: Option[Int] = totalVotes.get("nom nom")
```

只有未封装的选项才能获得选票计数

到目前为止收到的选票集合

这个简单的例子演示了 Scala 的 Option 类型概念。在此例中，该语言将允许你将任何字符串关键字传递到投票图，但它不知道是否有人在执行查找之前投票给 nom nom。可以将 Option 类型视为对操作中固有的不确定性进行编码的方式。它们掩盖了这种可能性，即一个给定操作可以返回某个值、某种给定类型的值或不返回值。

因为 Scala 已经告诉过你，投票图的内容存在一些不确定性，所以你现在可以编写用于处理不同可能性的代码，参见代码清单 2.2。

代码清单 2.2　使用模式匹配处理无投票情形

```
def getVotes(howler: String) = {        ← 一个函数，用于处理没有人投票给某只狗狗的可能性
  totalVotes.get(howler) match {        ← 一个模式匹配表达式，用于处理两种可能性
    case Some(votes) => votes
    case None => 0
  }
}

val nomNomVotes: Int = getVotes("nom nom")        ← 返回 105
val indianaVotes: Int = getVotes("Indiana")       ← 返回 0
```

这个简单的辅助函数使用模式匹配来表示两种可能性：要么已经获得给定 howler 的投票，要么还没有收到。在后一种情况下，这意味着正确的投票数为 0。这允许投票值的类型都是Int，即使没有人投票给 Indiana。模式匹配是一种语言功能，用于对给定操作可能产生的值进行编码。在这种情况下，将表达由 get 操作的返回值能够匹配的可能情况。模式匹配在惯用的 Scala 中是常见且有用的技术，我们将在本书中使用它。

当然，这种非常简单的不确定性很常见，Scala 为你提供了在集合中解决它的工具。可以通过在投票图上设置默认值来消除代码清单 2.2 中的辅助函数，参见代码清单 2.3。

代码清单 2.3　在投票图上设置默认值

```
val totalVotesWithDefault = Map("Mikey" -> 52, "nom nom" -> 105)
  ➥ .withDefaultValue(0)
```

2.1.2　时间的不确定性

基于这种思路，让我们考虑一种更相关的不确定形式。如果投票数存储在你开启的某个服务器上，则需要时间来检索这些投票。代码清单 2.4 使用随机延迟近似地表达了这个想法。

代码清单 2.4 一个远程“数据库”

```
def getRemoteVotes(howler: String) = {
  Thread.sleep(Random.nextInt(1000))
  totalVotesWithDefault(howler)
}

val mikeyVotes = getRemoteVotes("Mikey")
```

一个函数，用于检索投票，但具有不同数量的延迟

最终总是返回 52

这种不确定性对投票可视化应用程序来说是个大问题。当处理该调用时，它的服务器将无所事事，只是等待。可以想象，这在任何时候都无法帮助你获得响应。

这个性能问题的根源在于对 getRemoteVotes 的调用是同步的。此问题的解决方案是使用 future，这将确保不再以同步、阻塞方式进行此调用。使用 future，你将能够立即从这样的远程调用返回，并在调用完成后收集结果。下面的代码清单 2.5 显示了如何回答“哪个 howler 目前最受欢迎”的问题。

代码清单 2.5 基于 future 的远程调用

```
import scala.concurrent._
import ExecutionContext.Implicits.global

def futureRemoteVotes(howler: String)= Future {
  getRemoteVotes(howler)
}

val nomNomFutureVotes = futureRemoteVotes("nom nom")
val mikeyFutureVotes = futureRemoteVotes("Mikey")
val indianaFutureVotes = futureRemoteVotes("Indiana")

val topDogVotes: Future[Int] = for {
  nomNom <- nomNomFutureVotes
  mikey <- mikeyFutureVotes
  indiana <- indianaFutureVotes
} yield List(nomNom, mikey, indiana).max

topDogVotes onSuccess {

  case _ => println("The top dog currently has" + topDogVotes + "votes.")
}
```

一个函数，用于返回投票数的 future

这些 future 的创建立即返回，而不是阻塞远程调用

将这种语法称为 for 表达式

一个 future，它最终将包含最大投票数

一旦检索到 for 表达式中的所有值，就会执行这条语句

显示 The top dog currently has 105 votes.

在此实现中，同时处理对远程投票计数集合的三次调用。一个 future 的创建不会阻塞远程调用，而是会等待工作完成。相反，这个 future 的创建会立即返回，以允许后面的并发处理。随着时间的推移使用 future 进行抽象是一种基本技术，你将反复使用该技术来扩展你的反应式机器学习系统，以处理大量数据和复杂的操作行为。

平均而言，给定请求对远程数据源的响应时间可能非常短。但是对于大量数据而言，可以肯定地讲某些响应时间不会接近平均值。这是基本统计的结果。在正态分布的数据集中，会有异常值。在聚合操作中，如代码清单 2.5 中的最大投票计算，平均请求延迟对总延迟没有影响。相反，总延迟完全由单个最慢的请求决定，如图 2.3 所示。

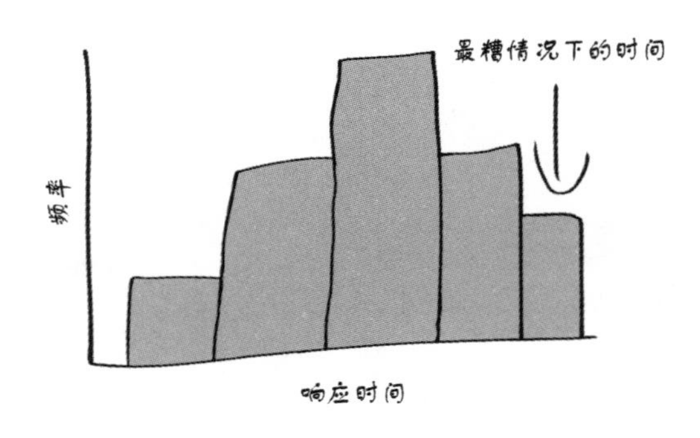

图 2.3 请求时间的分布

这个最慢请求所花费的时间通常称为尾部延迟(tail latency)。这是各种大型数据处理系统中的一个非常实际的问题，包括机器学习系统。但是，现在你知道了尾部延迟是一个问题，你可以使用反应式编程技术来管理它。

代码清单 2.6 基于 future 的超时

```
val timeoutDuration = 500                  ← 在返回值之前允许的时间量
val AverageVotes = 42                      ← 历史平均投票数

val defaultVotes = Future {                ← 将在超时后使用平均投票数来完成的 future
  Thread.sleep(timeoutDuration)
  AverageVotes
}
def timeOutVotes(howler: String) = Future.firstCompletedOf(   ← 一个函数，用于返回远程调用超时、实际投票数或默认值
  List(getRemoteVotes(howler), defaultVotes))
```

在这个实现中，你要接受生活并不是完美的，并且某些远程调用可能表现出不可接受的延迟这一事实。你可以选择返回降级响应(即历史平均投票数)，而不是将延迟传递给用户。这个数字实际上并不准确，但在这种情况下，总比没有返

回结果要好得多。在实际系统中，你可能有多个选项可以作为降级响应以返回结果。例如，你可能有另一个应用程序来查找这个值，例如缓存。缓存的值可能已经过时，但降级响应值可能比没有任何返回结果更有用。在其他情况下，你可能希望对重试逻辑进行编码。由你决定什么最适合你的应用程序。

有时候你可能不喜欢计划失败，如果是这样，我可以理解你的顾虑。作为工程师，我们习惯于构建每次都能返回完美正确答案的系统。但在机器学习系统中，不确定性是普遍存在和固有的。事实证明，分布式系统也是如此。如果我们希望系统具有反应性和响应能力，我们将不得不在某些时候使用这些策略。

正如你将在第 5 章及以后章节中看到的那样，有几种机器学习特定的场景，在这些场景中，我们需要以某种方式回退到不完美的响应。像这样谨慎的风险缓解策略将有助于我们解决机器学习系统的一些复杂性。

2.2　Akka，一个反应式工具包

我要介绍的下一个工具是 Akka。它是一个重要的工具，因为它为你提供了可重用的组件来构建弹性和回弹性系统。正如第 1 章所述，建立一个机器学习系统是很容易的，但它不能承受现实世界中数据规模和故障的挑战。Akka 及其背后的一些想法为这些问题提供了解决方案。

但首先，我会花一些时间让你熟悉 Akka 的基础知识。与本书后面的 Akka 材料相比，本节是介绍性的，主要是为了给你提供一些背景知识以理解 Akka 是如何实现其功能的。一旦你熟悉了构建在 Akka 之上的系统是如何实现它们所承诺的功能的，我们就可以继续使用 Akka 作为依赖库来支持更高级别的抽象。不要担心，尽管 Akka 的某些东西对你来说仍然是一个谜。我们只会在本书的某些部分使用 Akka。它是一个功能强大且复杂的工具包，本节只涉及它所能做的事情的皮毛。此处的主要目标是开发一个关于 Akka 系统如何履行其保证的心理模型。不过在你了解 Akka 的工作原理之前，你需要了解 actor 模型的工作方式。

2.2.1　actor 模型

actor 模型是一种思考世界的方式，它将每个事物识别为 actor。什么是 actor？actor 是一件非常简单的事。为了响应它收到的消息，它只能做三件事：

- 发送消息
- 创建若干新的 actor
- 确定收到下一条消息时的行为方式

这可能听起来貌似功能很有限，但它非常有用。

首先，让我们考虑通过发送消息进行通信。你在第 1 章的 Sniffable 示例中看

到了这种通信风格的实际应用。我建议，如果通过消息传递与主应用程序进行通信，模型服务将能够更好地包容发生的错误，如图 2.4 所示。

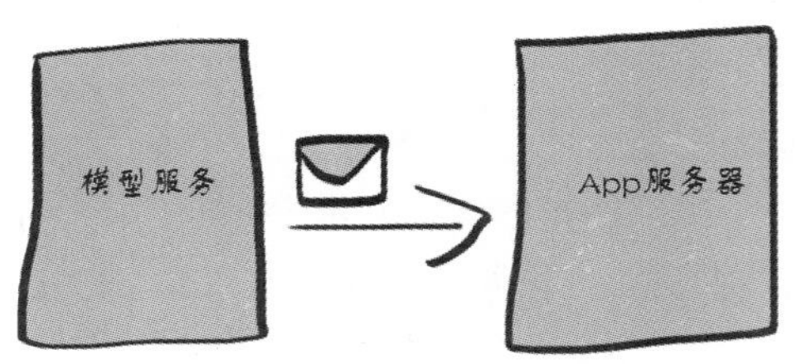

图 2.4 一种容器化的模型服务架构

消息传递本身为系统提供了完整的 actor 系统所拥有的诸多优势。这是因为消息传递是实现容器化的有效方法。

通过实现只能借助消息才能跨越的强边界，actor(或者像 actor 一样的服务)在失败时不会牵连系统的其他组件。在大型系统重构中，通常一个好的起点是将所有组件分开，这样它们只能通过消息传递进行通信。对于第 1 章中 Pooch Predictor 系统的开发人员来说，这将是下一步要做的一个很好的工作。机器学习系统的容器化组件更易于操作，并在通往实现反应式的过程中得到改进。

接下来，actor 可能还具有创造新 actor 的能力。这对于创建监督层级等问题非常重要。你将在本书中看到监督层级的几个例子，包括 Akka actor 和其他相关概念。

在第 1 章的 Sniffable 示例中，你在更大的范围内也看到过监督层级问题。在本节中，整个系统将受益于监督层级结构，如图 2.5 所示。

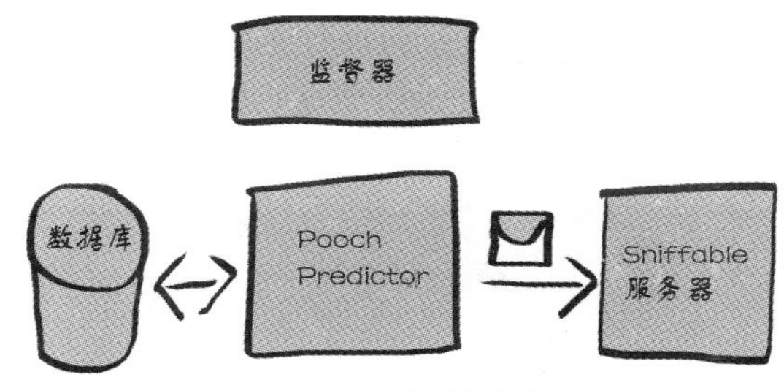

图 2.5 一种监督架构

在这种架构中，监督器在监督服务方面拥有完全的生杀大权。这正是 actor 模型的工作原理。在这种情况下，监督的好处类似于容器化。通过在架构中构建故障概念，你现在可以获得对不可避免的故障的系统级解决方案。

最后，这些 actor 可以做一些你以前没见过的事情：它们可以改变自己的行为。在接收到给定消息后，actor 将在下次收到消息时决定做一些不同的事情。这意味着 actor 是有状态的，有点像命令式面向对象编程(如 Java、Python 等)中的对象。到目前为止，你已经看到的大多数代码都遵循一种函数式的编程风格，试图避免显式的状态操作。但是像远程服务这样的系统组件具有当前状态，并且你会发现 actor 模型是推理该状态的有用方法。actor 模型具有封装该状态，同时提供与外界交互的方法的一致性概念。这并不意味着你会抛弃不可变事实和纯函数的所有优点。只有需要处理状态的代码才是有状态的。但是，一个完全的反应式机器学习系统具有许多不同需求的组件。值得庆幸的是，Scala 是一种强大而实用的语言，具有不变性和纯粹性的优点，而且允许你在必要时处理状态。

2.2.2 使用 Akka 确保回弹性

理论已经足够了，让我们用 actor 模型解决一个实际问题：确保 *Hollywood Star* 活动中的投票记录可靠。现在你仍然处于最初的图 2.1 所示的整个 *Hollywood Star* 投票系统中，但是，你特别关注的是，将 API 服务器接收到的投票写入远程投票数据库。这显然是一个非常常见的软件开发方案，因此我会将其稍微复杂化一点。在这种情况下，Chihuahua[1]负责维护数据库，它做得非常糟糕。有时候，数据库将记录投票，而有时数据库将通过抛出异常来自行调整。这种根本不可靠的特性意味着你需要实现图 2.6 所示的 actor 层次结构。

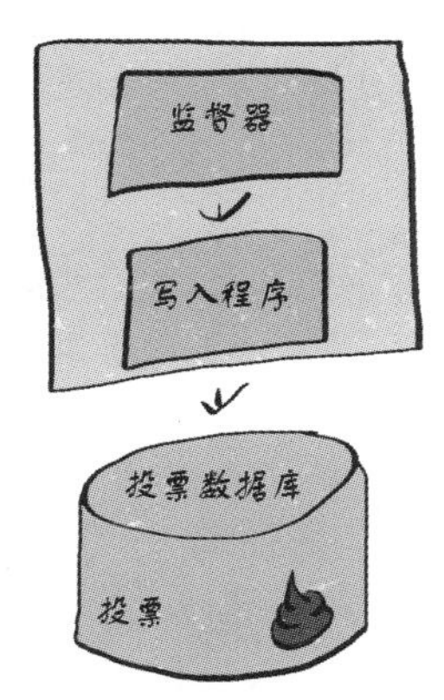

图 2.6 投票-写入 actor 层次结构

所有远程资源(如数据库)都具有一定程度的不可靠性，但这个数据库比大多数数据库都要糟糕，该数据库无法在每次发送投票时都记录一次写入操作，参见代码清单 2.7。

代码清单 2.7 一个不可靠的数据库

```
class DatabaseConnection(url: String) {
  var votes = new mutable.HashMap[String, Any]()
```

一个用于表示数据库的简单对象

用于保存投票的哈希映射

1 Chihuahua：吉娃娃，一种产于墨西哥的狗。

```
    def insert(updateMap: Map[String, Any]) = {
      if (Random.nextBoolean()) throw new Exception

      updateMap.foreach {
        case (key, value) => votes.update(key, value)
      }
    }
  }
```

此语句将在一半时间内抛出异常

模式匹配表达式用于将映射项解构为键和值

我不止一次地强调过：你不能把关键的系统管理任务交给钱袋狗(purse dog)，因为它们抓不住重点。数据库管理显然是獒犬(Mastiff)要做的工作。

可变对象

代码清单 2.7 使用了 var，这是一个可变对象。在惯用的 Scala 代码中很少使用可变对象。在这个例子中，使用可变性只是为了使其简化。这里没有必要使用可变性，我们通常会避免在本书中使用 var 来支持不可变对象。但是，Scala 让我们可以选择使用可变数据和不可变数据，这有助于探索相关设计选择的折中方案。

现在一团糟。你希望在此数据库中记录投票的实例，参见代码清单 2.8。

代码清单 2.8 一个 vote case 类

```
case class Vote(timestamp: Long, voterId: Long, howler: String)
```

但 Chihuahua 让这一切变得更加艰难，因为某些投票会被数据库丢弃。更糟糕的是，如果你不保护你的投票-写入代码，它将在收到第一个异常时报告失败。

不过，也有好的消息。*Hollywood Star* 的投票系统是一个大规模的数据处理应用程序。某个人的投票并不是那么重要。管理层会告诉你，失去一些投票是完全可以接受的，甚至是意料之中的。至关重要的是，投票应用程序在面对潜在的故障时仍能保持响应。

当继续构建大型机器学习系统时，你会看到类似的情况。任何一个特征或实例的值都不会那么大，因为你将处理大型聚合以学习模型和进行预测。有时候可以丢弃数据。请记住，我们假设在反应式机器学习系统中数据是无限的。

实际上，这种明智的优先级划分和牺牲数据的技术汇集在一起，将形成一种非常有用的反应式编程技术，称为断路器(circuit breaker)模式，我将在本书后面讨论该部分内容。

让我们看看如何使用不可靠的投票数据库来完成有限的任务。使用 Akka，创建一个 vote writer 作为一个 actor，参见代码清单 2.9。

代码清单 2.9 一个 vote-writing actor

```
class VoteWriter(connection: DatabaseConnection) extends Actor {
  def receive = {
    case Vote(timestamp, voterId, howler) =>
      connection.insert(Map("timestamp" -> timestamp,
        "voterId" -> voterId,
        "howler" -> howler))
  }
}
```

一个简单的 actor，用于接收投票并写入数据库

接收消息到 actor 的方法

现在创建另一个 actor 来监督这个 actor，如下面的代码清单 2.10 所示。由于数据库不可靠，它将负责处理 VoteWriter 中的故障。这个监督 actor 的作用只是从错误中恢复系统，而不必关心可能丢失的任何数据，参见代码清单 2.10。

代码清单 2.10 一个监督 actor

```
class WriterSupervisor(writerProps: Props) extends Actor {
  override def supervisorStrategy = OneForOneStrategy() {
    case exception: Exception => Restart
  }

  val writer = context.actorOf(writerProps)

  def receive = {
    case message => writer forward message
  }
}
```

用 Props 实例化的监督 actor，一个配置对象用于一个 actor

监督策略监督 actor 将使用 VoteWriter

在失败事件内重启，这将明晰 actor 中的任何内部状态

在给定的上下文中创建一个 writer actor

将所有消息传递给受监督的 VoteWriter actor

请注意，你使用的 Restart 是一个 Akka Directive，它是 Akka 工具包提供的一个便捷的构建代码块。代码清单 2.11 展示了如何将所有这些功能结合在一起。首先，为应用程序创建一个新的 actor 系统。其次，你将连接到数据库。最后，构建由 WriterSupervisor 监督的 VoteWriter 的 actor 层次结构。有了所有这些元素，你现在可以使用 actor 系统将投票发送到数据库。此应用程序以打印数据库记录的投票数结束，参见代码清单 2.11。

代码清单 2.11 完整的投票应用程序

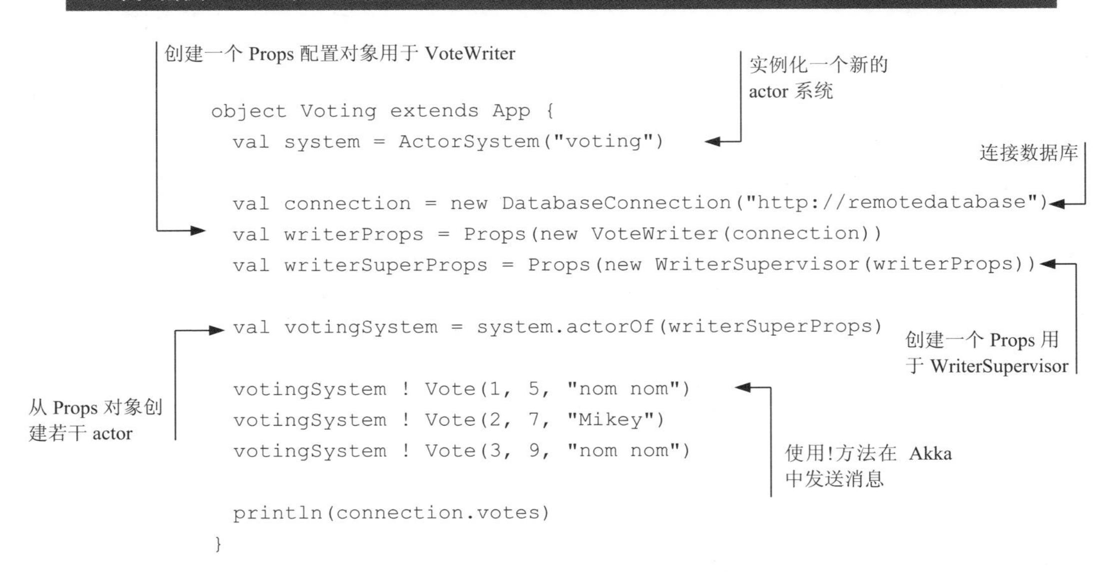


```
object Voting extends App {
  val system = ActorSystem("voting")

  val connection = new DatabaseConnection("http://remotedatabase")
  val writerProps = Props(new VoteWriter(connection))
  val writerSuperProps = Props(new WriterSupervisor(writerProps))

  val votingSystem = system.actorOf(writerSuperProps)

  votingSystem ! Vote(1, 5, "nom nom")
  votingSystem ! Vote(2, 7, "Mikey")
  votingSystem ! Vote(3, 9, "nom nom")

  println(connection.votes)
}
```

这种方法在面对失败时肯定能够实现一定的弹性。此外，它还展示了如何在最初阶段就将失败的可能性构建到应用程序结构中。但是你可能对这个解决方案并不满意：

- 数据库使用了可变性。
- 应用程序可以并且确实会丢失数据。
- 显式地构建这个 actor 层次结构，需要思考很多关于底层数据库可能如何失败的问题。
- 数据库中的数据记录听起来像是其他人可能已经解决的常见问题。

如果你将这些问题视为此设计中的缺陷，那么你就是 100%正确的。这个简单的示例不是在数据库中记录数据记录的理想方法。第 3 章的所有内容都致力于如何更好地收集和持久化数据。我将以本章介绍的方法为基础，指导如何与数据库进行交互。我们仍将使用 Akka actor，但是会将注意力集中在应用程序逻辑上，而不是低层次的故障处理问题上，从而提高抽象级别。Akka 工具包非常强大，许多库和框架都很好地利用它来构建应用程序的反应性。2.3 节将介绍其中一个最好用的框架：Spark。

2.3 Spark，一个反应式的大数据框架

Spark 是本章我们将考虑的最后一个工具。它是用 Scala 编写的大规模数据处理框架。使用 Spark 处理大量数据有很多原因：

- 这是一个非常快速的数据处理引擎。

- 当在集群上使用时，它可以处理大量的数据。
- 它易于使用，这要归功于一个优雅且功能齐全的 API。
- 它有支持常见用例的库，如数据分析、图形分析和机器学习。

我们将在第 4 章和第 5 章中使用 Spark 构建机器学习系统的核心组件之一：特征生成和模型学习管道。Spark 是反应式系统的教科书级的示例，后面的章节会解释 Spark 响应的方式和原因。但在我们深入探索 Spark 之前，我想让你从一个简单的示例问题开始：预测未来。Spark 框架是我们将在本书中用于构建反应式机器学习系统的几个高级工具之一。在这个例子中，我们将要解决的问题是，预测 *Hollywood Star* 系统在投票结束前几小时内，将获得的投票数。从历史上看，进行一周内最后几个小时的投票时，负载最紧张，所以 *Hollywood Star* 工程团队希望为即将到来的赛季流量高峰做计划。你可以使用一些历史文件，这些文件描述了投票活动的实时基本数据，通过这些文件和 Spark，你可以构建一个模型来预测随时间变化的投票数。

首先，需要进行一些基本设置，才能开始构建 Spark 应用程序。具体来说，将创建一个配置对象来保存所有设置，并创建一个上下文对象，用于从这些设置中定义一个特定的执行上下文，参见代码清单 2.12。

代码清单 2.12　基本的 Spark 设置

```
val session = SparkSession.builder.appName("Simple ModelExample")
➥ .getOrCreate()
                                                   ← 应用程序的会话

import session.implicits._          ← 为会话中的基本数据
                                      类型导入序列化器
```

此处创建的 SparkSession 对象被用作常规的 Scala 代码与 Spark 所管理的对象(可能在集群上)之间的连接。下一个代码清单 2.13 显示的是如何使用 SparkSession 来处理 I / O 操作等事情。

这些设置步骤为你提供了许多选项，这些选项在扩展到大规模集群时尤为重要。但目前，这些功能中的大多数都不是那么重要，所以我们会忽略它们。在第 4 章及后面的章节中，我们将深入挖掘并利用 Spark 提供的丰富可能性。现在，我们将运用 API 的简单性来开始操作一个最小的样板文件。

下面开始加载用于构建模型的两个数据集里的数据。

代码清单 2.13　处理数据路径

```
                                    从 repo 放置示例文
                                    件的路径
val inputBasePath = "example_data"  ←
```

```
val outputBasePath = "."
val trainingDataPath = inputBasePath + "/training.txt"
val testingDataPath = inputBasePath + "/testing.txt"
val currentOutputPath = outputBasePath + System.currentTimeMillis()
```

你希望在何处编写此管道的建模输出

为每次执行创建唯一路径，使重新运行程序更简单

在模型学习管道中，用于学习模型的数据称为训练集，用于评估学习模型的数据称为测试集。

对于这些数据集来说，有一个重要细节需要注意，即训练数据来自比测试数据更早的内容。在处理这样的时间序列数据时，将用于训练的样本内数据与用于测试的样本外数据清晰地分开是至关重要的。如果你没有做到这一点，那么当模型在真正的新数据上发布时，你的测试数据就不再能够表达模型行为的预期结果了。在本例中，我已经为你准备好了数据，因此除非你混淆了训练集和测试集，否则你不会遭受这种数据处理错误的风险。

接下来，你需要将这些文件加载到 Spark 的数据集内存表示之中，它被称为弹性分布式数据集(RDD)。这些 RDD 是 Spark 的核心抽象。它们在内存中提供大量数据，并分布在集群中，而不需要显式地实现该分布。实际上，甚至当某些数据由于集群节点出现故障而消失时，RDD 仍能够处理这些情况，而无须自己考虑该如何处理这种失败。

首先，你将使用 Spark 中用于加载数据的实用程序来对数据进行加载。然后，你将函数作为参数传递给数据，参见代码清单 2.14。

代码清单 2.14 加载训练和测试数据

map 函数对 RDD 应用一个高阶函数

从文件加载数据，支持通用数据格式，包括机器学习的特定格式

```
val trainingData = session.read.textFile(trainingDataPath)
val trainingParsed = trainingData.map { line =>
  val parts = line.split(',')
  LabeledPoint(parts(0).toDouble, Vectors.dense(parts(1).split(' ')
  ➥ .map(_.toDouble)))
}.cache()
```

缓存方法告诉 Spark 你打算重用这些数据，因此尽可能将其保存在内存中

LabeledPoint 是机器学习的一种特定类型，用于对由特征向量和概念组成的实例进行编码

与训练集相同的代码，为了清晰起见，对测试集重复使用了该代码

```
val testingData = session.read.textFile(testingDataPath)

val testingParsed = testingData.map { line =>
  val parts = line.split(',')
  LabeledPoint(parts(0).toDouble, Vectors.dense(parts(1).split(' ')
  ➥ .map(_.toDouble)))
}.cache()
```

在代码清单 2.14 中有一些值得注意的事情。首先，它使用了一个高阶的纯函数。

注意 可以作为参数传递给其他函数的函数称为高阶函数。在 Scala 编程和 Spark 应用程序中，使用它们是一种普遍的技术。

这是你将用于与 Spark RDD 交互的标准模式。Spark 使用这种函数式编程模型，可以将函数传递给数据，作为跨集群进行分发数据处理工作负载的一种方式。这不仅仅是一种语法，Spark 还将逐字地序列化此函数，并将其发送给 RDD 中存储数据的所有节点。从把使用数据发送给函数，再到将函数发送给数据，这种迁移是你在使用 Hadoop 和 Spark 等大数据堆栈时所做的改变之一。

此外，虽然在前面的 Spark 代码中并未表现得那么明显，但这些代码的确都是延迟性的。发出这些命令时不会读取任何数据。回顾第 1 章的内容，延迟是指故意拖延执行。确保执行数据处理任务的最佳性能是 Spark 战略的关键部分。通过等到最后一刻再进行评估，Spark 可以明智地选择要处理的数据和发送方式。

加载数据之后，你现在可以使用 MLlib 中的一个学习算法来学习数据的线性模型。代码清单 2.15 使用线性回归推导出了该线性模型。

代码清单 2.15　训练模型

```
val numIterations = 100
val model = LinearRegressionWithSGD.train(trainingParsed.rdd,
➥ numIterations)
```

算法应该运行的最大迭代次数（指向 numIterations = 100）

训练集上的模型学习（指向 train 调用）

此处，你仅仅学会了一个模型——你还不知道这个模型是否足够好，以至于可以解决预测未来犬类歌唱轰动效果的关键问题。你还无法把它应用到实时系统中并进行预测。

线性回归

对于那些不熟悉线性模型的人来说，它们只是一种统计技术，用于找到与所有数据点的轨迹都非常接近的线。在第 5 章之前我们不会详细介绍不同的模型学习算法。如果你对线性回归特别感兴趣，维基百科中有很好的介绍：https://en.wikipedia.org/wiki/Linear_regression。

要了解此模型的实用性，现在就应该对它没有看到的数据(测试集)进行评估，参见代码清单 2.16。

代码清单 2.16　测试模型

```
val predictionsAndLabels = testingParsed.map {
  ➥ case LabeledPoint(label, features) =>
  val prediction = model.predict(features)
   (prediction, label)
}
```

另一个高阶函数，它使用模式匹配来解构测试集中的 LabeledPoints

解构

解构是 Scala 和其他函数式编程语言中的一种常用技术。这是实例化数据结构的逆操作。与模式匹配一起使用时，它提供了一种方便的语法，用于为数据结构的各个部分指定名称。

现在你已将此模型应用于新数据，你可以使用 MLlib 中的更多实用程序来报告模型的性能，参见代码清单 2.17。

代码清单 2.17　模型度量

```
val metrics = new MulticlassMetrics(predictionsAndLabels.rdd)
val precision = metrics.precision
val recall = metrics.recall
println(s"Precision: $precision Recall: $recall")
```

可以计算各种性能统计信息的度量对象

测试集上模型的精确度

测试集上的模型召回率

将性能统计信息打印到控制台

最后，可以将此模型保存到磁盘上，参见代码清单 2.18。

代码清单 2.18　保存模型

```
model.save(session.SparkContext, currentOutputPath)
```

一旦开始学习，如何保存学习模型便是一个棘手的话题。我将在第 6 章和第 7 章进行更多的讨论。目前，在磁盘上有一个保存好的模型版本就足够了。如果你希望将来在其他数据上使用此模型，那么它将非常有用。

该模型现在可用于预测未来的投票数。给定一个特征向量，该模型可用于预测期望的投票数。*Hollywood Star* 工程团队可以围绕峰值负荷达到模型预测值的可能性进行规划。

这个预测可能是正确的，也可能是错误的，但它仍然有助于规划目标。报告的度量、精确度和召回率，能够让你了解模型预测的可信度。在本书的后面，我将讨论更复杂的建模方法，这些方法要求你对已学习的模型的性能进行更多的推理。但是这些方法建立在你于此处看到的过程的基础之上：首先训练模型，然后在测试集上对其进行评估，以了解它将如何执行。你甚至可以看到如何将这些模型度量与反应式技术结合起来，使机器学习系统能够为你完成一些工作。

预测未来无疑是一项艰巨的工作，但如果你使用了正确的工具，构建预测未来的管道则相当容易。通过本章所示的技术，*Hollywood Star* 团队能够为犬类“真人秀”创建令人印象极其深刻的后端。通过使用 Spark，他们能够预测到观众的参与度高得离谱，这会导致给投票系统带来巨大的负载，他们将据此制定计划。但是，他们没能预测到第二季时 Tail-Chaser Swift 会脱颖而出并摘得桂冠。谁又能预测到呢？在那个赛季，观众都喜欢贵宾犬。他们可以为 *Hollywood Stars* 提供的每首歌曲、每一段舞蹈和每一个魔术进行投票，这都要归功于一个支持他们喜爱的应用程序的反应式系统。

资源

本章简要介绍了一些非常复杂且强大的技术。如果你想进一步了解这三种技术中的任何一种，Manning 为你推荐如下几本相关书籍。

- Scala：*Functional Programming in Scala*，www.manning.com/books/functional-programming-in-scala；*Scala in Action*，www.manning.com/books/scala-in-action; *Scala in Depth*，www.manning.com/ books/scala-in-depth。
- Akka：*Akka in Action*，www.manning.com/books/akka-in-action。
- Spark：*Spark in Action*，www.manning.com/books/spark-in-action。

2.4　本章小结

- Scala 提供了能帮助你解决不确定性的结构：
  - 选项抽象了存在或不存在的事物的不确定性。
  - future 抽象了 action 的不确定性，这需要时间。
  - future 使你能够实现超时功能，通过限制响应时间来帮助确保响应。
- 使用 Akka，你可以通过 actor 模型的强大功能在应用程序的结构中构建起防止失败的保障功能：
  - 通过消息传递进行通信可以帮助你保持系统组件容器化。
  - 监督层级结构有助于确保组件具有回弹性。
  - 使用 actor 模型能力的最佳方法之一就在上文提及的那些库中，这些库在后台使用这个方法，而不是直接在代码中对 actor 系统进行大量的定义。

- Spark 提供合理的组件来构建数据处理管道：
  - Spark 管道是通过使用纯函数和不可变转换来构造的。
  - Spark 使用延迟来确保命令高效、可靠地执行。
  - MLlib 提供了有用的工具，让你使用最少的代码就可以构建和评估模型。

在下一章中，我们将开始构建一个真正的、大规模的机器学习系统。我将向你展示如何解决数据模型中实际数据的内在不确定性。此外，我将展示如何使用不可变的事实数据库来实现水平可伸缩性。作为其中的一部分，我将介绍一个名为 Couchbase 的分布式数据库。最后，我将展示如何使用反应式编程习惯来解决处理时间和故障方面存在的不确定性。

第Ⅱ部分

构建反应式机器学习系统

这部分内容是本书的核心，它将为你构建起机器学习系统组件方面的知识，从原始数据的处理开始，一直循环回到现实世界中。

第 3 章的内容是关于收集数据的。对于一本有关机器学习的书来说，这不是普通的一章：我们不是挥挥手示意一下数据从何而来，而是会认真研究一系列数据问题，我们将集中精力研究数据何时显示为体型大、速度快和毛发多等特征。

第 4 章探讨数据的有用表示，称为特征。这是机器学习系统开发人员需要拥有的最重要技能之一，通常也是工作中最重要的部分。

当阅读到第 5 章时，你应该准备好做下列事情，这是每个人在机器学习过程中都很关注的事情：学习一些模型。关于学习模型的书籍有很多，但该章展示了一个独特的观点，将让你了解这一步是如何将前后内容联系起来的。当系统的各个部分不像你希望的那样很容易连接在一起时，我将介绍一些有用的技术。

第 6 章介绍有关如何对生成的机器学习模型做出决策的丰富主题，并非所有的模型都被构造得一模一样。在学习模型时，你可能会犯一系列常见的错误，因此我将尝试使用一些工具来帮助你了解好模型和坏模型之间的区别。

第 7 章讨论如何获取生成的模型，并将它们应用在可能有用的地方。存放在你笔记本电脑上的模型可能对任何人都没有多大用处，它们必须可供你的客户和同事使用。该章将展示如何构建可以使用模型的服务。

最后，在第 8 章中，将使用模型来影响现实世界。这是本书的关键环节：在使用响应来满足用户请求方面，你已经完成了循环。反应式系统的设计完全取决于你如何满足用户的期望。因此，在第 8 章中，我们将视角坚定地转向机器学习系统的用户，看看如何实现这些期望。

第 3 章

收集数据

本章包括：

- 收集具有固有不确定性的数据
- 处理大规模数据集
- 查询不确定数据的聚集
- 避免在写入数据库后更新数据

本章将开始我们的机器学习系统的组件或阶段之旅(参见图 3.1)。在你的机器学习系统拥有数据之前，你无法执行任何操作，因此我们将从收集数据开始。正如你在第 1 章中所见，直接将数据导入机器学习系统的方法可能会导致各种各样的问题。本章将向你展示一种更好的收集数据的方法，这是一种基于记录不可变事实的方法。本章中的方法还假设所收集的数据在本质上是不确定的，并且实际上是无限的。

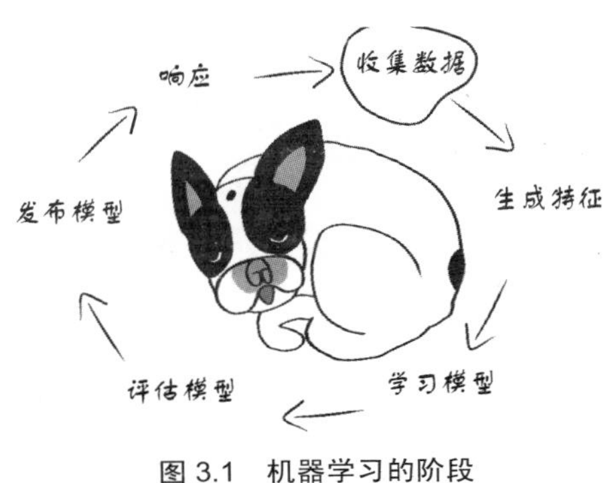

图 3.1　机器学习的阶段

许多人在讨论构建机器学习系统时，甚至没有提到数据收集。乍一看，它似乎并不像学习模型或做出预测那样令人兴奋。但收集数据至关重要，而且比看起来要困难得多。要构建能够在变化环境中收集大量高度可变数据的产品级应用程序，是没有捷径可走的。我们需要充分利用反应式机器学习来解决这个问题，以确保我们有良好的、可用的数据，这些数据可以被机器学习系统的其他组件使用。

为了深入了解反应式机器学习系统的世界，我们将不再仅仅局限于家养宠物的问题。必须冒险来到非洲的荒野。你要承担的挑战是在地球上最大的陆地哺乳动物迁徙过程中记录动物的运动。非洲塞伦盖蒂的动物大迁徙充满了与动物体型、速度和毛发等特征相关的数据。让我们看看如何收集数据。

3.1　感知不确定数据

在本章中，你将扮演高贵的狮子女王的角色。作为狮群的女族长，你非常认真地对待自己的工作。

但是，你面临一个自古就有的问题：你的猎物不会保持静止不动。每年春天，你吃的牛羚和斑马都有令人讨厌的习惯，那就是离开南方草原向北迁徙。然后，每到秋天，这些食草动物又都会转过身来，向南回到雨季。

作为一个负责任的女王和母亲，你必须追踪猎物的大规模迁徙。如果不这样做，你的狮群将没有任何东西可吃。但是这项工作的数据管理问题很严重，如图 3.2 所示。

要处理这些与体型、速度和毛发等特征相关的数据，你需要部署一些先进的技术。你有一个长远的愿景，那就是有一天能够使用这些数据建立一个大型的机器学习系统，它可以预测下一个猎物的位置，这样你就可以在那里等待它们。但是，在考虑依据这些数据构建系统之前，你需要收集这些数据并以某种方式对其进行持久化。

图 3.2　大迁徙数据

由于最近与技术咨询公司 Vulture 签订了一份合同，因此你现在可以获得有关陆地动物移动的一些传感器数据(参见图 3.3)。

图 3.3　Vulture 公司

Vulture 公司的“天空之眼”(Eyes in the Skies)系统基于空中部署的分布式传感器网络。这些传感器结合体热检测和运动模式来报告任何给定位置的不同动物的数量和种类。以下是该系统提供的原始动物传感器数据的示例：

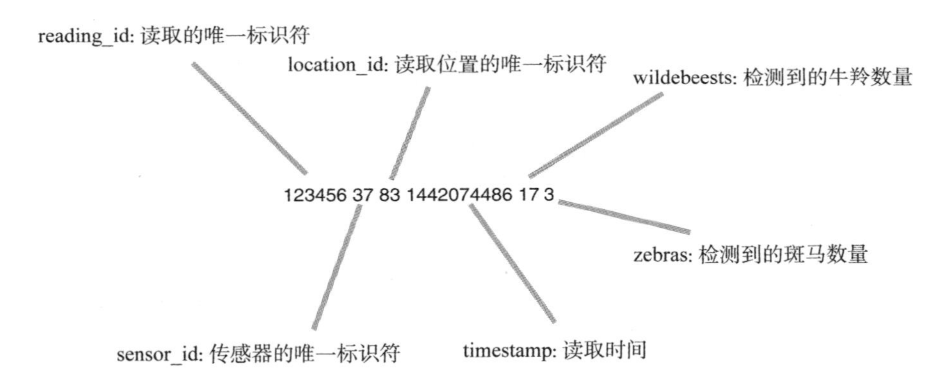

但是，这种原始模式并不是“天空之眼”系统对下列动物的理解方式。这些传感器只能提供使用体热和运动传感器进行感知的近似视图。这个过程总会有一些不确定性。在与技术顾问进行更深入的协商之后，你可以访问更丰富的数据源。此处显示的数据馈送更清楚地表明在这样的原始传感器数据中保持精确是很困难的，如下所示：

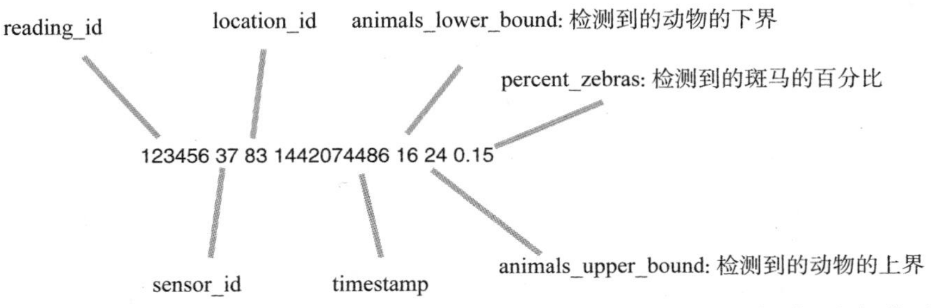

上述数据模型具有更丰富的统计信息。它表示在该位置可能有更少或远超 20

只猎物。对“天空之眼”API 文档的查询显示，这些是感知数据的概率分布的上界和下界，置信水平为 95%。

置信区间

上面显示的不确定数据模型使用了一个置信区间，这是对传感器读数不确定性的度量。置信水平是指所有可能的读数中包含真实数量动物的百分比。现在，你不需要关心如何计算这些值，我们不会花太多时间在诸如置信区间之类的基本统计技术上。相反，我们将专注于如何构建那些系统，它们只关心表达和响应不确定性的需求。要想更深入地了解统计学，有许多书籍和课程可以提供帮助。Brian Godsey 的 *Think like a Data Scientist*(Manning，2017)就是一本很有价值的图书，可以为数据科学工作奠定坚实的统计学基础。

16 到 24 只猎物之间的差异可能听起来不大，在某些情况下可能根本就算不上差异。有些读数的下界为零、上界为非零。对于那些地方，你可能会派母狮去寻找一两只牛羚，但当它们到达时却什么也找不到。有赖于这种显式的不确定数据模型，你作为狮子女王现在可以做出更明智的决定：在何处分配稀缺的狩猎资源。

这两种数据模型之间的差异是数据转换的一个例子。在数据处理系统中，就像在机器学习系统中一样，系统的许多操作都是有效的数据转换。转换数据是一项非常常见的任务，我将在第 4 章讨论如何在反应式机器学习系统中进行这项工作。来自“天空之眼”系统的原始传感器数据馈送是对保存在 Vulture 公司内部的更原始形式的数据的转换。如你所见，转换原始数据会导致丢失有关传感器读数中固有的不确定信息。这是人们在实现数据处理系统时经常犯的一个错误：人们仅仅持久化原始数据的某些派生版本，从而破坏了有价值的数据。

让我们考虑一下来自一只幼狮的提议，她正在研究来自“天空之眼”系统的经过转换的传感器数据：

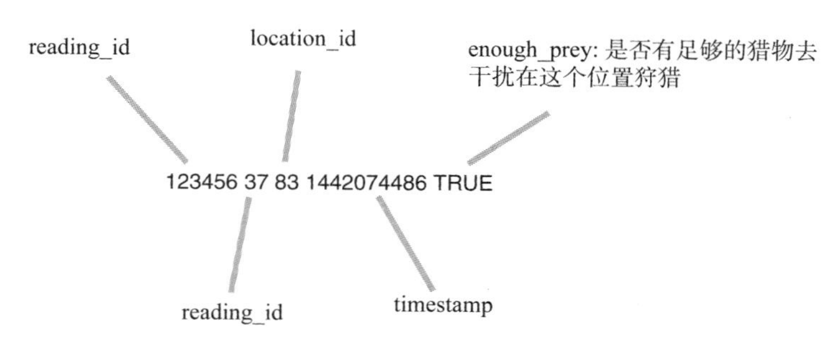

在这个经过大量转换的数据版本中，这个幼狮开发者决定将事情简化为一个布尔值，以表示给定位置是否有超过 10 只牛羚。这是你最近用来决定是否应该搜索某个地点的临界值。她的想法是，无论如何，这是你真正需要知道的。

但你是一位经验丰富的狮子女王。在年头不好的时候，你可能只能找到一只斑马。世界是在不停转动的，你不可能总是知道未来会发生什么。你可能需要所有丰富的数据模型，以便在需要时做出艰难的决策。

这是对数据收集的基本策略的说明。你应该始终将数据收集为不可变事实。

事实只是对已发生事情的真实记录。在“天空之眼”系统的例子中，发生的事情是空中传感器感知了一些动物。要知道这个事实是什么时候发生的，你应该记录它发生的时间，尽管有一些关于如何表达时间的有趣选择。到目前为止，这个例子使用一个简单的时间戳来说明记录传感器读数的时间。

同样，记录事实所涉及的一个或多个实体通常也是一个好主意。在动物传感器数据中，你记录了事实起源的实体(传感器)以及事实中描述的实体：位置。尽管收集的传感器数据存在一些不确定性，但事实永远不需要改变，它们永远是现实世界在那一时间点的系统视图。

不可变事实是构建反应式机器学习系统的重要部分。它们不仅可以帮助你构建可以管理不确定性的系统，还可以为处理数据收集问题的策略奠定基础，这些问题只有在系统达到一定规模后才会出现。

3.2　收集大规模数据

大迁徙的惊人之处在于迁徙规模，数百万只动物同时开始移动。牛羚是这些动物中数量最多的，还有成千上万的瞪羚和斑马。除了以上提到的有蹄类的三种美食之外，还有一些较小的动物可以考虑。从你所在的狮子山总部的高度往下看，你只能看到这么多。“天空之眼”系统为你了解大草原的状态提供了一个起点，但这仅仅是一个起点。很明显，如果你希望能够对任何数据采取行动，则需要着手将这些数据处理为更有用的表示形式。

你要首先探索如何构建数据聚合——从多个数据点生成的派生数据。稍后将介绍构建数据聚合系统的初始方法，该方法不是你将使用的最终策略。已经使用的技术都将在一定规模上起作用，但随着规模的扩大会遇到问题。这些构建分布式数据处理系统的方法是解决规模问题的开始，你将在本节的基础上构建系统，以进一步处理 3.3 节中更大规模的问题。

3.2.1　维护分布式系统中的状态

作为第一个项目，你决定尝试跟踪每个区域的猎物密度。区域是一组地理上连续的位置集，每个位置都有自己的传感器馈送。下面的代码清单 3.1 简单地表达了你希望维护的密度统计信息。

代码清单 3.1 计算位置密度

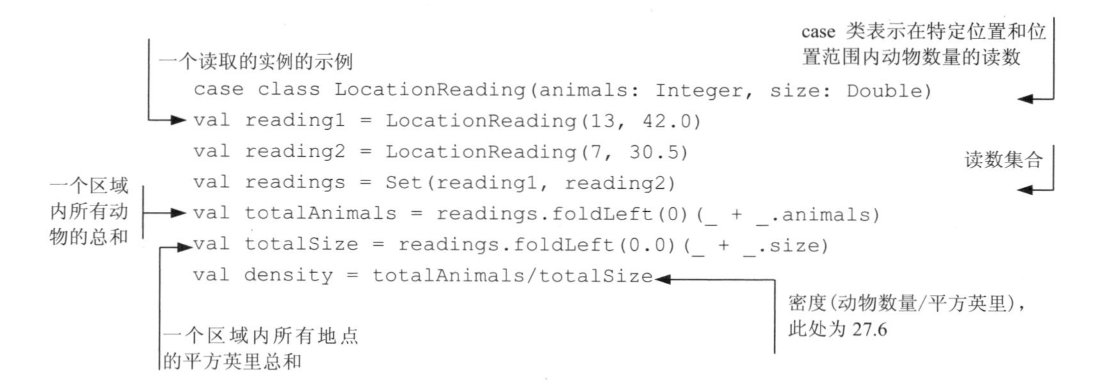


```
case class LocationReading(animals: Integer, size: Double)
val reading1 = LocationReading(13, 42.0)
val reading2 = LocationReading(7, 30.5)
val readings = Set(reading1, reading2)
val totalAnimals = readings.foldLeft(0)(_ + _.animals)
val totalSize = readings.foldLeft(0.0)(_ + _.size)
val density = totalAnimals/totalSize
```

这种方法在某些方面是合理的。代码清单 3.1 中的代码仅仅使用了不可变数据结构，因此计算中使用的所有值都可以视为事实。

折叠

代码清单 3.1 中的求和操作使用折叠来实现。折叠是一种常见的函数编程技术。使用的 foldLeft 运算符以初始总和为零开始。另一个参数是要应用于读数集中每一项的高阶函数。在求和中，这个高阶函数将求和结果与下一项相加。但折叠是一种强大的技术，不只可以用于求和。你会再次看到它，特别是在后来使用 Spark 的章节中。如果你想深入了解折叠技术为什么如此强大，请查看 Graham Hutton 撰写的论文 "A Tutorial on the Universality and Expressiveness of Fold"，网址为 www.cs.nott.ac.uk/~pszgmh/fold.pdf。

求和是使用纯高阶函数(+)完成的，因此在求和函数中不会产生副作用，从而导致无法预料的问题。狮子们今晚还没到睡觉的时间，事情会很快变得棘手起来。

为了知晓哪些区域拥有密集的猎物，而无须前往报告传感器读数的位置，你需要将所有这些读数聚合到一处——狮子山总部。因此，你与 Cheetah Post 消息传递公司签订了合同(参见图 3.4)。

他们将前往每个数据采集站并获得最新的读数，然后会将这些信息的相关消息传回狮子山总部，最后，将最新的传感器读数添加到所有位置的聚合视图中。

预见到一群猎豹来回奔波会带来问题，作为一名经验丰富的领导者，你决定采取措施来改变这种情况：你让一只穿山甲负责。作为你同意不吃它的交换条件，穿山甲同意作为图 3.5 所示系统的一部分，维护密度数据的当前状态。

图 3.4　Cheetah Post 消息传递公司

图 3.5　简单的密度-数据系统架构

穿山甲在代码清单 3.2 中实现了状态管理过程，显示了如何维持大草原的这个聚合视图的示例。更新场景的示例是接收区域 4 中存在高密度动物的相关消息。

代码清单 3.2　聚合区域密度

```
case class Region(id: Int)                      ← 表示区域的 case 类
import collection.mutable.HashMap
var densities = new HashMap[Region, Double]()   ← 可变哈希映射存储按区域记录的最新密度值

densities.put(Region(4), 52.4)                  ← 此更新将使用新值覆盖区域 4 先前的值
```

通过让一只穿山甲负责这个过程，你已经确保猎豹永远不会争着更新信息。此外，通过让所有的猎豹排队与穿山甲对话，你已确保所有更新都按到达顺序进行处理。

但是，不断变化的动物数量会导致更多的猎豹拥有比你之前预想的更多的更新。对于一只穿山甲来说，快速记录这些更新的过程变得太麻烦了。

你决定雇用另一只穿山甲。现在有两只穿山甲和两个队列，猎豹可以排队等待更新，如图 3.6 所示。

图 3.6　添加队列

乍一看，这似乎是一个很好的解决方案。毕竟，随着数据收集规模的增加，你可以继续雇用更多的穿山甲。这使你能够在同一时间内不间断地更新，尽管负载在增加。

但是，最初的弹性很快就消失了。部分原因是，当一只穿山甲正在对系统进行更新时，另一只穿山甲只能等待。虽然穿山甲确实花了一些时间在猎豹队列和更新计算机之间来回切换，但它们很快就会把大部分时间花在等待进入单台计算机上。这意味着对一个区域的更新也导致对另一个区域做了更新。

你决定尝试使用更多计算机，添加更多穿山甲，并实现如图 3.7 所示的系统。

图 3.7　对共享可变状态的并发访问

为了使多只穿山甲能够同时进行更新，你决定更改用于存储密度数据的数据结构，参见代码清单 3.3。

代码清单 3.3　可并发访问的密度

```
import collection.mutable._

var synchronizedDensities = new LinkedHashMap[Region, Double]()
➥ with SynchronizedMap[Region, Double]
```

这个实现现在允许并发访问，使用一个锁定系统更新密度数据，以确保每个执行线程具有最新的数据视图。不同的穿山甲可以在不同的计算机上进行不同的更新，但每只穿山甲在更新所需的时间内都有一个锁。起初，这看起来像是一种改进，但最终的性能与旧系统非常相似。同步过程及其锁定机制与旧的单机瓶颈非常相似。你只是将稀缺资源的范围缩小到可变数据结构上的一个锁。有了这个瓶颈，你就不能再添加更多的穿山甲来获得更多的吞吐量了；它们只会在密度哈希映射上争夺这些锁。

这个新系统会造成另一个结果。猎豹可以进入它们想要去的任何队列。有些穿山甲比其他穿山甲工作得更快。此系统现在允许无序处理某些更新。

例如，在所有斑马移动之前，大草原的区域 6 今天上午动物密度很大。如果按顺序应用有关这些传感器读数的更新，你将获得该区域的准确视图，如下面的代码清单 3.4 所示。

代码清单 3.4　有序更新

```
densities.put(Region(6), 73.6)      ← 上午更新
densities.put(Region(6), 0.5)       ← 下午更新
densities.get(Region(6)).get        ← 返回 0.5
```

但是，现在也可能无序地应用更新。一系列无序更新为你提供了截然不同的情况视图，参见代码清单 3.5。

代码清单 3.5　无序更新

```
densities.put(Region(6), 0.5)       ← 下午更新
densities.put(Region(6), 73.6)      ← 上午更新
densities.get(Region(6)).get        ← 返回 73.6
```

在第二种情况下，你派出宝贵的狮子去一个你本该知道所有动物都已经走掉的地方狩猎。

如果回顾一下第一个更新序列，你会发现它也有不足之处。下午，如果按照代码清单 3.4 中的规定应用更新，你就可以准确了解区域 6 缺乏猎物的情况。但是上午发生了什么？在这样一个猎物丰富的区域本应该有狮子，但它们却在别处闲逛。而到了下午的时候，你所知道的只是在区域 6 已经没有猎物了。你不知道有几只懒惰的狮子错过当天最好的捕猎机会。一定有一种更好的组织狩猎的方式。

3.2.2　了解数据收集

猎物-密度项目出了什么问题？这个系统应该回答与动物在大草原上的位置有关的基本问题。当然，Vulture 公司的顾问提出了一个后续项目，其中猎物数据将用于创建未来猎物位置的机器学习模型。但是，如果不弄清楚当前系统的问题并修复，你甚至无法开始考虑未来的项目。

你需要聚集团队来剖析猎物-密度系统，并展示你在收集数据方面学到的知识。你得出以下结论：

- 简化实际不确定的数据模型，会丢弃有价值的数据。
- 无法扩展单个数据收集处理器，以处理实际的工作负载。
- 如果使用共享可变状态和锁，则分配工作负载的扩展性不会有多好。
- 使用变异来更新数据会破坏历史知识，甚至会导致使用旧数据覆盖新数据。

为了让这个猎物-数据-收集系统上线，研究小组付出了巨大的努力，但它确实存在一些缺陷。他们做好迎接挑战——修复这个系统并将其提升到更高层次——的准备了吗?他们当然能够做到！他们还是可以依赖他们所学到的东西。他们已经学到了很多关于如何收集数据的知识。他们已准备好构建数据收集应用程序的下一阶段：存储这些数据。

3.3　持久化数据

为了构建其余的数据管理系统，你需要一个数据库。正如第 4 章将介绍的那样，机器学习管道通常从一些保存原始数据的数据库开始。虽然这看起来很明显，但是让我们试着理解你需要从数据库中获得什么。你可能已经知道了一些这样的内容，但是当我从反应式系统的角度解释数据库时，请你耐心倾听。

通常人们会根据这些数据库支持的操作来讨论它们。首先，数据库应该允许你存储数据。在数据库术语中，这通常称为创建(create)操作。对于存储数据的数据库来说，最终必须持久化数据——在程序关闭后这些数据应该仍然存在于数据库中。持久化还意味着数据应该能够在数据库服务器重启的情况下保留下来。

数据库需要为你做的另一件事情就是在你请求数据时返回数据，这被称为读取(read)操作。从反应性的角度来说，这又是一种响应。

如果数据库没有始终如一地及时返回对查询的响应，那么它的其他属性就不重要了。人们对如何从数据库中读取数据有不同的看法，我们将在本章后面考虑这些选项。

数据库还有一些可以做的事情，但你不需要做。某些数据库支持更新操作，这会更改数据。如你所见，变异数据可能会导致各种问题，因此你要避免更新操作。你要依赖的是编写新的不可变事实，而不是更改已经持久化的数据。

同样，某些数据库支持删除操作。我知道那太可怕了！在反应式机器学习范例中，我们假设数据实际上是无限的。

你不需要执行那种有误导性的删除操作，因为你将从一开始就构建可以处理无限数据的系统。现在我们不要再提删除操作了。

3.3.1 弹性和回弹性数据库

既然你已经了解了如何使用数据库的一些基础知识，那么让我们更加具体地了解一下，什么会使数据库在反应式数据处理系统中保持良好的运行状态。毕竟，你有一个宏伟的愿景，希望最终将能够利用这些猎物数据建立一个大规模的机器学习系统，以预测未来的猎物移动情况。有了这些与体型、速度和毛发等特征相关的数据，如果想要实现这一目标，则需要在技术选择中考虑响应原则。

正如你在最初尝试收集猎物数据时所见到的，实现弹性很难。你不能仅仅添加更多的数据处理单元，虽然这个想法是正确的。

你需要一个分布式数据库，它看起来是一个单一数据库，但它实际上是由多个服务器协同工作来实现的。理想情况下，你将使用一个数据库，其中多个服务器可以读写数据，如图 3.8 所示，而不是一群猎豹争着向同一台由穿山甲控制的计算机写入数据。创建和读取操作的正确分布是数据库可扩展的唯一方式。

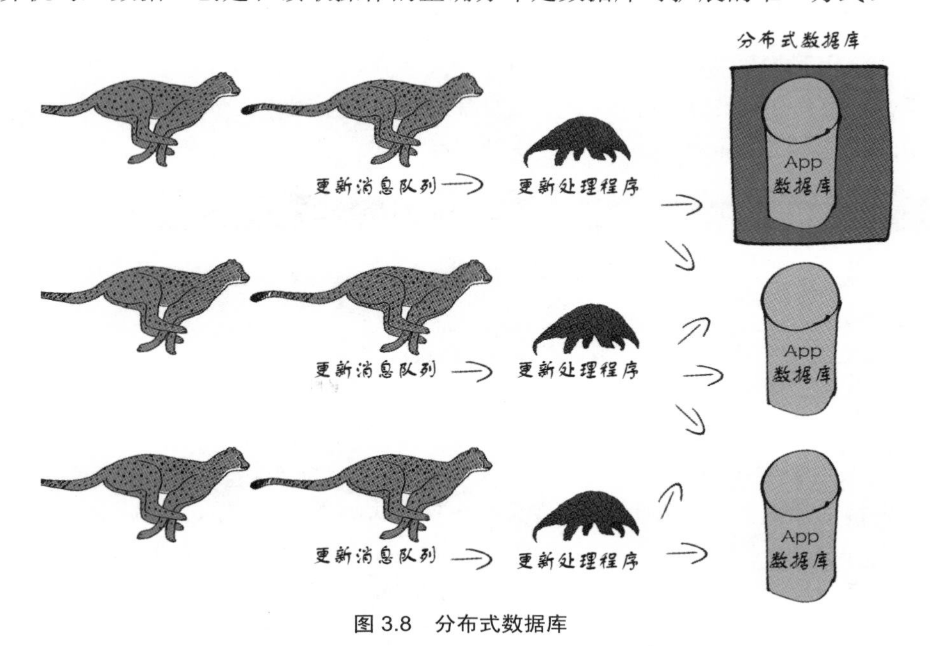

图 3.8 分布式数据库

你要考虑的另一个响应原则是回弹性。在塞伦盖蒂，你知道资源可能会消失殆尽。有些时候，河水泛滥，水资源会很丰富。而另一些时候，炽热的太阳烘烤着大地，你需要走好几天才能找到水。

遗憾的是，这正是分布式数据库的工作原理。由于许多服务器负责存储和检索数据，因此其中一个服务器不可避免地会出现故障。也许它会像懒惰的狮子一样，睡了一会儿而忘记午休时的狩猎职责，或者可能会更糟糕，那个服务器就像帕特里克穿山甲(Patrick Pangolin)一样，最终落到饥饿的猎豹口中。

在追求弹性的过程中，也会发生同样的情况：你需要一个分布式数据库，你的数据将冗余地存储在多个服务器上。在构建反应式机器学习系统时，复制是一种始终相关的策略。

值得庆幸的是，有许多数据库具有刚才描述的诸多属性。我们将在本书中使用名为 Couchbase 的数据库。它是一个分布式数据库，既可以处理大迁徙的规模，也可以处理服务器不可避免的故障。Couchbase具有丰富的功能，远远超出创建和读取大量记录的最低要求。事实上，许多其他数据库都适用于本章中的示例。反应式机器学习技术与任何特定技术无关。但是，Couchbase将使你可以轻松地开始构建事实数据库，并可以轻松支持任何未来的项目，如猎物-运动预测系统。另外一个好处是，Couchbase本身就是一个非常好的反应式系统，可使用几种响应策略来实现。在本章的后面部分，我们将快速了解 Couchbase 作为高度反应式数据库如何支持构建反应式数据处理系统。

3.3.2　事实数据库

你将用于扩展猎物-移动系统的工具之一是基于事实的数据模型。在本章的前面部分，我将事实作为捕获原始数据的有用技术做了讨论。你可以用标准 case 类的形式表达你之前看到的丰富数据模型，参见代码清单 3.6。

代码清单 3.6　传感器读数 case 类

```
case class PreyReading(sensorId: Int,
                       locationId: Int,
                       timestamp: Long,
                       animalsLowerBound: Double,
                       animalsUpperBound: Double,
                       percentZebras: Double)
```

此 case 类表示单个传感器读数。

你将以 JSON 文档的形式存储数据。支持这种数据模型的数据库有时称为文档库。Couchbase 使用文档数据模型，其中文档存储在桶(bucket)里。桶的作用与传统关系数据库中的表一样，但它们不需要在数据库本身中定义这些文档的结构。它们会接收你选择写入的任何文件。你不需要对数据库做任何操作，数据库就可以接收读取的文档以进行持久化操作。无须事先规划数据模型的所有方面，就可以更轻松地处理数据模型中的演变，例如当你添加有关传感器不确定性的更丰富信息时。有关处理反应式机器学习系统演变的更多内容将在第 11 章中加以论述。

要持久化传感器读数 case 类的实例，必须定义一个格式化程序，该格式化程序可以将这些实例转换为可以存储在数据库中的等效 JSON 表示形式，参见代码清单 3.7。

代码清单 3.7　创建传感器读数文档

```
import play.api.libs.json._
import scala.concurrent.ExecutionContext
import org.reactivecouchbase.ReactiveCouchbaseDriver

val driver = ReactiveCouchbaseDriver()
val bucket = driver.bucket("default")
implicit val ec = ExecutionContext.Implicits.global

implicit val preyReadingFormatter = Json.format[PreyReading]

def readingId(preyReading: PreyReading) = {
  List(preyReading.sensorId,
    preyReading.locationId,
    preyReading.timestamp).mkString("-")
}

val reading = PreyReading(36, 12, System.currentTimeMillis(), 12.0, 18.0, 0.60)

val setDoc = bucket.set[PreyReading](readingId(reading), reading)
setDoc.onComplete {
  case Success(status) => println(s"Operation status: ${status.getMessage}")
  case _ => throw new Exception("Something went wrong")

}
```

为默认桶创建一个数据库连接

与 future 一起使用的执行上下文

用于将 case 类转换为 JSON 的格式化程序

辅助函数为 PreyReading 文档创建复合主键

传感器读数示例

将读取插入为文档，返回一个 future

为了演示，打印插入操作的结果

隐式技术

你可能已经注意到代码清单 3.7 使用了隐式技术。你创建的隐式格式化程序定义了一种将 PreyReading case 类转换为 JSON 的方法。如果没有创建此格式化程序，则用于与数据库交互的库将不知道如何执行此转换，并且无法将传感器读数的实例保存到数据库中。implicit 关键字使该转换可供使用，而无须显式地执行转换。编译器将推断在程序编译期间应使用格式化程序执行此转换并插入转换代码。隐式技术是 Scala 独特而强大的功能。在习惯性编写的 Scala 代码中，你会遇到它们。有关隐式技术及其使用的更全面介绍，请参阅 Joshua D. Suereth 撰写的 *Scala in Depth*(Manning Publications，2012)。

将动作的定义与执行分开，通常是一种非常有用的习惯用法。在这种情况下，它可以帮助你编码，插入操作既花费时间，又可能会失败。例如，你可以使用重试逻辑或一些有意义的通知来替换模式匹配中的失败案例。对失败的可能性进行识别和编码是在系统中构建回弹性的关键步骤。

这种数据库交互方式依赖于 future，这是你在第 2 章中看到的一种技术。这种编程风格的主要好处之一是，数据库插入等操作是非阻塞的。对 bucket.set 的调用将立即返回。因为插入远程数据库需要花费时间，所以驱动程序不会占用程序执行的主线程，从而等待数据传输到远程数据库，并返回成功插入的消息。这种基于 future 的非阻塞编程风格适用于在不同负载下达成一致操作的目标。

在这种数据收集方法中，还有更多的方式可以支持弹性。许多不同的数据收集程序实例可以同时写入许多不同的数据库节点，而无须锁定各项和协调访问。这类似于你在前面看到的多只猎豹与多只穿山甲交谈的最终架构，甚至比它更好。由于非阻塞驱动程序的强大功能，猎豹几乎可以丢下信息就跑掉。它们不需要等待慢速的穿山甲进行真正的更新。猎豹当然不需要等待穿山甲来协调对它们之间的共享可变状态对象的访问，因为没有共享的可变状态。但是，如何从充斥原始事实的数据库中找出大草原的现状呢？

3.3.3　查询持久化事实

查看数据库中数据的最简单方法是在已插入的数据之上定义一些结构。与你可能熟悉的更严格的关系数据库不同，在插入数据后能够定义此结构，是现代灵活数据库的独特功能之一。你已将数据记录为 JSON 文档，现在需要使用 JavaScript 表达有关文档结构的一些信息。如果不熟悉 JavaScript，请不要担心。你只是编写简单的 JavaScript 来定义原始数据之上的视图结构。代码清单 3.8 在你写入数据库实例的数据之上定义了一个视图，该视图允许你通过传感器 ID 检索文档。该视图将根据设计文档进行定义，这是另一种表达存储查询的方式。

代码清单 3.8　创建传感器 ID 视图

```
import scala.concurrent.Await
import scala.concurrent.duration.Duration
import java.util.concurrent.TimeUnit

val timeout = Duration(10, TimeUnit.SECONDS)
```

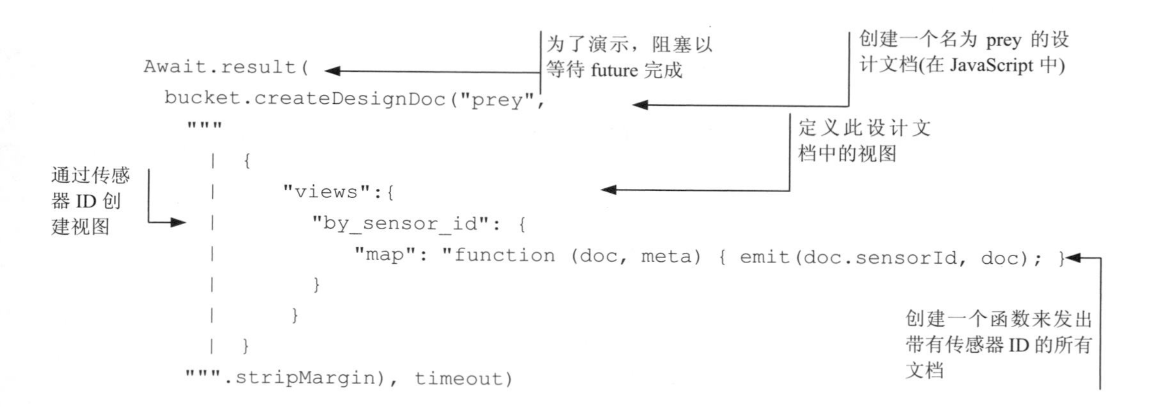

阻塞

我一直在强调非阻塞的、基于 future 的互动带来的好处，所以被阻止去看到这些好处似乎非常奇怪。你希望在这样小型的、探索性的上下文中使用阻塞的原因可能在于，它允许你通过强制 future 的完成来查看正在处理的一小段代码的结果。在完全实现且正确组合的系统中，你不希望依赖于对 Await.result 的调用，而是主要希望在探索或调试环境中使用此技术。

通过定义此视图，可以使用传感器 ID 在文档上创建索引。这将使通过传感器 ID 查找文档变得简单快捷。

在支持实际应用程序的完全填充的数据库中，创建此视图可能需要相当长的时间来创建必要的数据结构，以返回视图中表示的数据。在 Couchbase 中，通过从产品视图中分离开发视图(刚刚创建的内容)的方式来管理此问题。不同的分布式数据库选择以不同方式实现视图，或者根本不实现视图。因此，在实现一个实际系统时，有必要了解所使用数据库的细节。这种以查询为中心的工作流程对于各种分布式非关系数据库来说都是很常见的。

请注意，Couchbase 视图是使用 map-reduce 语法根据高阶函数定义的，map 和 reduce 阶段都表示为高阶函数。如果你具有关系数据库中的视图经验，那么根据 map-reduce 操作定义视图可能会让你感到奇怪。现代分布式非关系数据库通常模糊了应用程序和数据库完成的数据处理之间的界限。当然，你可以在 Scala 应用程序的代码中实现这个完全相同的视图，但这需要你有效地处理对于任何给定查询的数据库的全部内容。当你对分布式数据库的使用降低到利用蛮力扫描全表的方式进行查询时，通常表明在应用程序(或数据库)的设计级别出现了问题。最好让数据库自己承担这项工作，如果此外没有其他原因，每个视图只进行一次视图维护工作，而不是在每个查询中都执行一次。

当你获得这个视图之后，你可以检索代码清单 3.7 中记录的最后一个读数。为此，你可以使用代码清单 3.9 中的代码，找到具有匹配传感器 ID 的读数。

代码清单 3.9 传感器的所有记录

```
val retrievedReading = Await.result(
     bucket.searchValues[PreyReading]
       ("prey", "by_sensor_id")
       (new Query().setIncludeDocs(true)
         .setKey("36"))
       .toList,
   timeout)
   .head
println(retrievedReading)
```

- 设计文档和使用的视图
- 搜索 PreyReading 值
- 创建一个新的查询
- 定义为传感器 36 查询的文档的键值
- 将结果转移到一个列表中
- 这个列表接收第一个元素
- 打印检索到的读数

如果只写了代码清单 3.7 中的传感器读数，则此查询将仅对该文档进行操作，但使用非常相似的查询语法可返回为该传感器记录的所有读数。

代码清单 3.10 创建了一些要处理的合成数据，用以查看对大量事实序列的操作是如何工作的。

代码清单 3.10 插入许多随机记录

```
import _root_.scala.util.Random
import play.api.libs.iteratee.Enumerator

val manyReadings = (1 to 100) map { index =>
  val reading = PreyReading(
    36,
    12,
    System.currentTimeMillis(),
    Random.nextInt(100).toDouble,
    Random.nextInt(100).toDouble,
    Random.nextFloat())
  (readingId(reading),
    reading)
}
val setManyReadings = bucket.setStream(Enumerator.enumerate(manyReadings))

setManyReadings.map { results =>
    results.foreach(result => {
      if (result.isSuccess)
      ➥ println(s"Persisted: ${Json.prettyPrint(result.document.get)}")
      else println(s"Can't persist: $result")
    }
```

- 产生 100 个随机传感器读数
- 作为一个流插入所有随机读数
- 映射每个结果并打印结果

```
  )
}
```

现在，你应该在数据库中拥有更多可以使用的事实。

枚举器

代码清单 3.10 使用了 Play Web 框架中的枚举器。枚举器是一种数据源，用于将输入推送到某个收件人。枚举对集合中的项进行逐一操作。完成之后，Play 枚举器将使用一种名为 Promise 的基于 future 的编程技术，返回收件人的最终状态(本书后面会讨论)。在这种情况下，你使用枚举器作为向数据库发送值以实现持久化的方式。在实际系统中，被枚举的数据将来自多个传感器，它们将发送回传感器读数。

可以使用此事实数据库来回答有关大草原当前状态的问题。例如，可以使用代码清单 3.11 中的视图，定义来自传感器 36 的基于时间的传感器读数视图。

代码清单 3.11　基于时间的传感器读数视图

```
Await.result(
  bucket.createDesignDoc("prey_36",
    """
      |{
      |    "views":
      |    {
      |        "by_timestamp":
      |        {
      |            "map":
      |            "function (doc, meta) { if (doc.sensorId == 36)
➥ { emit(doc.timestamp, doc); } }"
      |        }
      |    }
      |}
    """.stripMargin), timeout)
```

仅为传感器 36 定义视图

因为没有通过改变一些状态来丢弃任何数据，所以很容易得到最近的读数和事物发展趋势的图片，参见代码清单 3.12。

代码清单 3.12　最近的 10 个传感器读数

```
val lastTen = Await.result(
  bucket.searchValues[PreyReading]
    ("prey_36", "by_timestamp")
```

```
    (new Query().setIncludeDocs(true)
      .setDescending(true)
      .setLimit(10))
  .toList, timeout)
```

最新读数的订单

只读取最近的10个读数

也可以回到某个特定的时间点，参见代码清单3.13。

代码清单3.13 单个旧传感器读数

```
val tenth = Await.result(
  bucket.searchValues[PreyReading]
    ("prey_36", "by_timestamp")
    (new Query().setIncludeDocs(true)
      .setDescending(true)
      .setSkip(9)
      .setLimit(1))
   .toList,
  timeout)
```

跳过最近的9个读数

只返回最近的第10个读数

需要注意的是，这种设计避免了代码清单3.5所示的无序更新所带来的问题。在以前的系统中，因为已经扩展了数据收集系统，使多只猎豹为多只穿山甲带来更新，所以旧的更新可能会应用于新的系统，并破坏有关该事实的任何记录。在修改后的系统中，这是不可能的，因为你可以存储所有传感器读数，而不会丢弃任何读数。代码清单3.14展示了如何特意无序地插入读数。

码清单3.14 插入无序读数

```
val startOfDay = System.currentTimeMillis()
val firstReading = PreyReading(36, 12, startOfDay, 86.0, 97.0, 0.90)
val fourHoursLater = startOfDay + 4 * 60 * 60 * 1000
val secondReading = PreyReading(36, 12, fourHoursLater, 0.0, 2.0, 1.00)

val outOfOrderReadings = List(
  (readingId(secondReading), secondReading),
  (readingId(firstReading), firstReading))

val setOutOfOrder = bucket.setStream(Enumerator.enumerate(outOfOrderReadings))

setOutOfOrder.map {
  results => results.foreach(result => {
    if (result.isSuccess)
    ➥ println(s"Persisted: ${Json.prettyPrint(result.document.get)}")
    else println(s"Can't persist: $result")
```

第一次读取集合

第二次读取集合

以错误的顺序定义读数列表

无序地插入读数

```
      }
    )
  }
```

插入顺序现在无关紧要，因此无论是有序插入还是无序插入，此处显示的所有查询的工作方式都完全相同。你可以通过检索最后两个传感器读数来看到这一点，参见代码清单 3.15。

代码清单 3.15　检索最后两个读数

```
val lastTwo = Await.result(
  bucket.searchValues[PreyReading]
   ("prey_36", "by_timestamp")
   (new Query().setIncludeDocs(true)
      .setDescending(true)
      .setLimit(2))
    .toList,
  timeout)
```

无论是有序插入还是无序插入，此查询都会返回相同的结果，因为没有数据丢失，并且排序由查询确定。你不必再冒着更新混乱的风险使用新数据重写旧数据，从而扰乱你对大草原的判断。你可以自由地将数据收集操作扩展到任意规模，而无须考虑更新的插入顺序。

3.3.4　了解分布式事实数据库

现在你已经获得了猎物数据集，这会帮助你选出备选方案，并有助于你理解为什么这种备选方案能够更好地运作。首先，你保留了对源数据的丰富认知。传感器的读数是不确定的，而这种不确定性一直存在于数据库中。

若在持久化原始数据之前不进行转换，则可以保留传感器收集的数据的真实记录。这个事实的历史数据比单一的变异值更丰富、更有用。一个不可变事实数据库可以告诉你任何你想知道的关于大草原的状态。

其次，由于结合了良好的数据架构和弹性优良的数据库，你实现了真正的水平可伸缩性。你可以继续添加数据收集应用程序，你的数据模型和数据库现在将支持任意规模数据的增加。在这方面，Couchbase 为你提供比许多数据库更强大的保证。数据库集群中的每个节点都具有相同的职责和能力，因此，最终系统的架构非常接近最初的分布式数据库，如图 3.9 所示。

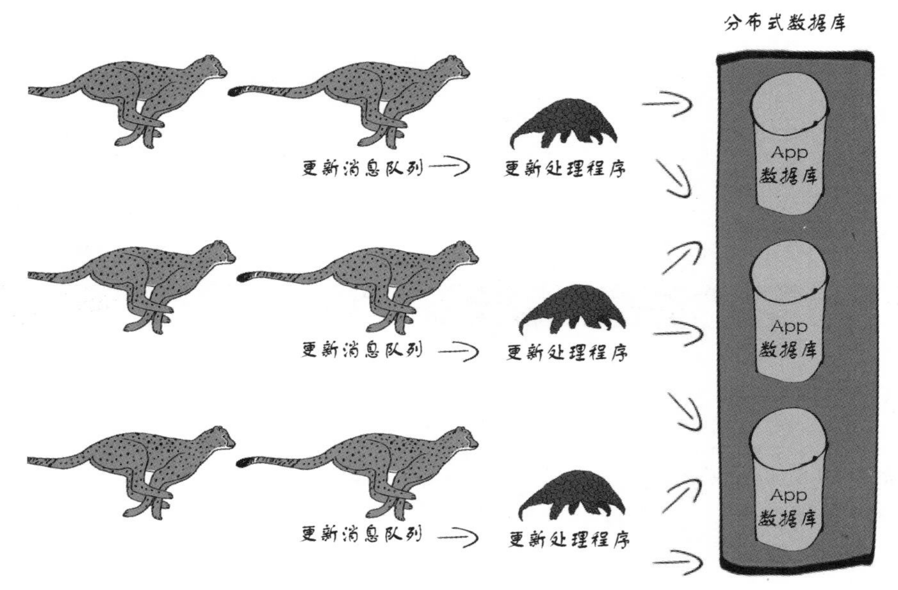

图 3.9 分布式数据库

读取或写入没有单一的吞吐量瓶颈。基于事实的数据模型可确保多个操作不会在共享的可变值上竞争，因此你的扩展能力仅受基础架构预算的限制。

该架构还具有重要的容错功能。如果网络以某种方式对节点进行分区，那么你的数据库将保持可用。

对于数据库设计来说，允许网络分区是一个很难支持的特性，提高分区容忍度的策略是数据库开发中最重要的创新之一。另外，你的数据模型是与数据库基础结构提供的功能协同工作的。在网络分区的情况下，数据库返回的事实数据将是所收集数据的准确(如果可能不完整的话)视图。在具有分区容忍度的分布式数据库中，不可避免地存在数据视图不完整的情况。当网络阻止跨集群通信时，你的某部分数据将不可用；没有哪个数据库可以改变这一点。Couchbase 等数据库选择返回可用的数据，而不是降低响应能力。这对你的应用程序来说不是问题。考虑以下传感器读数的序列，这些读数是关于位置 55 的斑马数，如图 3.10 所示。

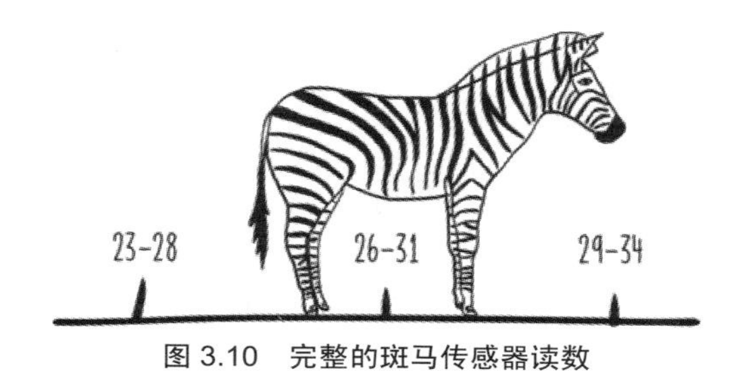

图 3.10 完整的斑马传感器读数

这一系列读数依赖于存储在数据库集群的所有节点中的数据。由于网络的不确定性，你可能无法访问集群中的某些节点(参见图 3.11)。

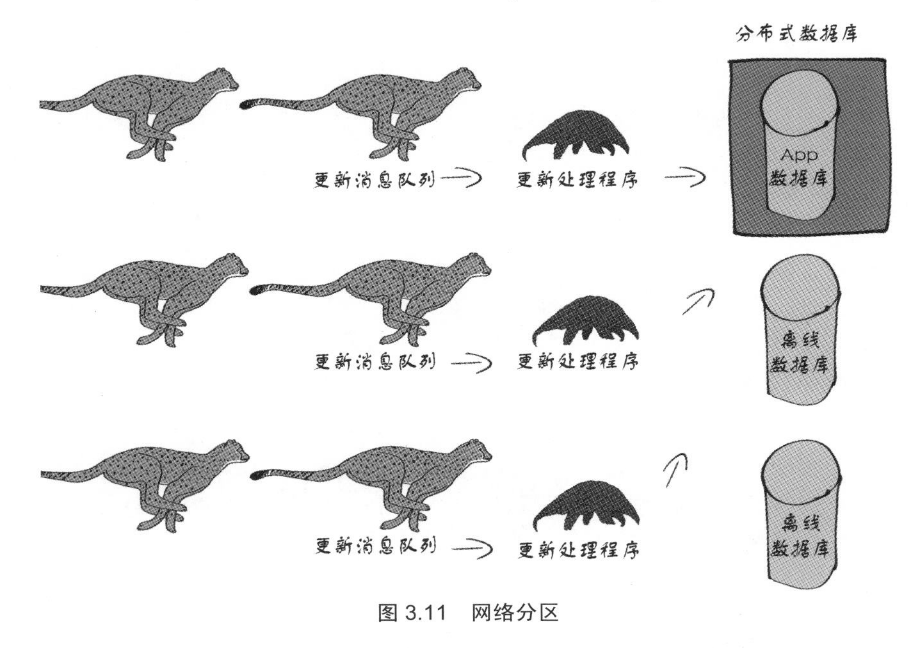

图 3.11　网络分区

更新处理程序实例中使用的数据库客户端库将路由到仍可访问的节点，但是，由于数据分布在整个集群中，因此你可能只能暂时访问某些数据。例如，你可能只有图 3.12 所示的读数。

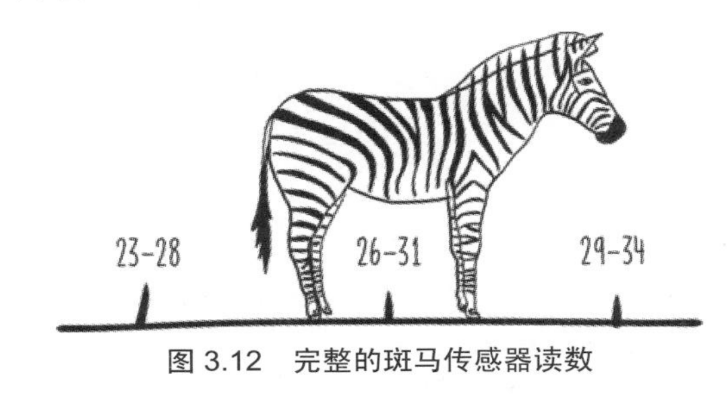

图 3.12　完整的斑马传感器读数

对于许多应用程序，这个数据库的部分视图将完全可用。毕竟，记录的事实并不能反映目前在位置 55 处确实存在一定数量的斑马。如果愿意，甚至可以使用线性模型来插入缺失值。趋势是相同的，对读数的查询提供的整体图片将呈现出类似的视图。你在看到这些不完整的数据时，所选择采取的行动可能与在查看完整数据集时所采取的行动完全一样：你会派出一些狮子去捕获这些斑马作为午餐。

通过使用具有显式不确定性的基于事实的数据模型，你已经在数据库的使用中构建了处理不完整数据视图的能力。

这个系统还有更多的属性值得强调。数据库的内部并发模型是关于如何协调多个用户的计划。Couchbase 使用一个称为多版本并发控制(MultiVersion Concurrency Control，MVCC)的并发模型。使用 MVCC 的系统不会在内部锁定记录以进行突变，而是复制数据。

如你所见，锁定阻碍了写入操作的扩展。Couchbase 集群没有尝试跨节点保持锁的问题，因为在集群内，操作是通过消息传递进行协调的。

此消息传递发生在使用监督层级结构的 actor 系统中。正如你之前所见，我们将在以后的章节中讨论更多内容，使用监督层级结构是确保在面对失败时具有回弹性的绝佳策略。

Erlang 编程语言和 OTP 开放式电信平台

Couchbase 中的 actor 模型不是用 Akka 实现的。相反，而是用一种名为 Erlang 的语言使用 OTP 库构建的。Erlang 和 OTP(开放式电信平台)最初是为电信应用而构建的。最近，Erlang 和 OTP 在 Couchbase 和 Riak 等分布式数据库的实现中变得流行起来。但这两个系统中的 actor 模型的实现是密切相关的(例如，频繁使用模式匹配)。实际上，Jonas Bonér 根据自己对 Erlang 和 OTP 的使用经验创建了 Akka。

数据库功能的所有这些特性与你构建反应式机器学习系统的更大目标相一致。这种愿景的一致性会对数据库期望的性能及其提供的保证产生实际影响。由于你的数据模型不再依赖于必须使用锁来维护的共享可变状态，因此，可以利用面向大规模并发数据库的极端可伸缩性功能。

最后，这个数据架构之所以能如此出色地工作，主要基于它在现实中工作良好，而不仅仅是在软件中。

- 事实始终为真。未来的事实不会抹去旧的事实。如果今天上午河边有瞪羚，即使在瞪羚继续前进之后，这个事实也始终为真。尽管不再去吃瞪羚了，但不能忘记上午那里曾经有瞪羚。
- 中央控制导致竞争。即使你是狮子女王，也不能把不可能变为可能。穿山甲的移动速度只能这么快，而猎豹没有耐心去输入数据。它们不能通过单一的控制点进行协调，同时又在整个大草原上活动。这就是为什么你不能让所有的狮子都回到你面前，询问它们是否应该杀死一只行动缓慢的牛羚的原因。如果一切都必须经过一个单一的控制点，那么无论这个控制点是你还是其他任何一只狮子，都无法做到。
- 你不可能确切地知道所有事情。大草原是一个庞大、混乱、分布式的系统，从狮子山总部只能看到这么远的景色。也许猎豹并没有真的吃掉穿山甲，谁说的？你或任何其他狮子所能做的就是记录所有不确定事实，并根据你的认知做到最好。做一个负责任的狮子女王意味着你要承认自身认知的局限性，因为非洲的现实世界是不确定的。承认自己不是无所不知是代表狮群做出正确决定的一部分。

你在建立数据收集能力时所采取的有原则但又实用的方法已经得到了回报。你能够更始终如一地满足你的狮群，并更有效地利用你的时间。非洲各地的掠食者都羡慕你对大草原全方位的观察。你在本章中使用的方法也使你在未来构建新功能方面处于优势地位。接下来，你要考虑构建一个特征提取系统来为机器学习预测提供动力。狮子女王的工作永无休止，但你将为狮群做得更好，你应该感到骄傲和自豪。

3.4　应用

你可能不住在塞伦盖蒂，可能无法操作分布式传感器网络，你甚至可能不是一头狮子。你还能应用本章中使用的技术吗？当然可以。

各种系统都会产生大量的数据，必须收集这些数据才能投入使用。手机中充满了各种各样的传感器，其中许多传感器将数据发送回远程服务器。例如，位置数据由手机收集并用于指导与特定位置相关的建议。即使不使用传感器硬件，大多数移动应用程序也会将各种数据发送回远程服务器，以便与应用程序进行交互：滑动屏幕，通知解除等。此类数据可用于确定应用程序使用模式和相关的用户组(例如，地铁通勤者)之类的内容。

不仅仅是在手机和野生动物方面，现在，大量的传统产品产生的数据都可以被收集并用于机器学习系统。我们生活在一个吸尘机器人和电动汽车真实存在甚至普及的世界里。在过去的几十年里，我们作为一个物种产生的数据量呈爆炸式增长。正如你在本章中看到的那样，处理大规模数据是完全不同的。本章演示的技术为处理大规模数据的问题提供了真正的解决方案。如果你正在使用一个现有的系统，而该系统运用另一种方法来处理数据，那么本章中使用的所有技术可能并不是必不可少的。你正在处理的数据可能不像跟踪动物大迁徙的传感器网络中的数据那样与体型、速度和毛发等特征相关。在这种情况下，你可能不需要使用本章中介绍的所有技术。

但是，即使像手表这样很普通的东西，现在也能产生有效的、无限量的任意复杂的数据。一旦开始寻找运用这些技术的应用程序，就不难找到它们。任何具有用户概念的系统，例如电子商务网站，都可以使用基于事实的数据模型来记录用户的行为。即使是记录客户交易的速度适中的业务应用程序，也可能通过消除对锁定数据项的争用而受益。本章中的工具在大规模的数据环境下工作得非常好，但它们并不要求将应用程序应用到大规模数据上。现在你已经了解了数据收集的反应式方法，我希望你能找到许多可以应用它的地方。

3.5 反应性

现在是时候自己去探索反应式数据收集的世界了。此部分的“反应性”旨在为你指出进一步探险的方向，甚至不再局限于塞伦盖蒂。这些问题没有正确的答案，还有一些引人入胜的问题，你可以进行探索，甚至比我在书中讨论的还要多。

- 实现你自己的反应式数据收集系统。的确，从记录事实的基础开始，你可以使用任何所需的数据库，选择你最熟悉的数据库，然后思考一下这个选择的后果：
  - 数据库的哪些属性将用来提供支持，以使你的系统更具反应性、回弹性、弹性和消息驱动？尤其要想一想数据库如何处理负载的大量增加。
  - 什么会慢，为什么？
  - 仔细考虑你为事实使用的数据模型——它是否包含不确定性?
  - 如果之前没有，添加显式不确定的数据模型会有多难?
  - 可以对数据库编写什么类型的查询?
  - 如果删除了大量记录，那么这些查询的结果会如何变化?
- 探索其他开源数据收集系统。它们不一定是显式响应的。如果你希望将重点放在本章所展示的设计模式上，它通常用事件来源的名称命名，甚至有专门围绕支持事件源构建的数据库。这种收集大量事实数据的想法通常用于监控应用程序。你能否找到将被监控系统中的所有事件持久化为不可变事实数据库的监控应用程序?试着回答一些关于这些数据收集系统的其他实现的问题，就像你对自己的实现提出的问题一样：
  - 系统如何响应？
  - 如果出现故障，会有什么情况发生？
  - 如果系统被流量淹没，还能查询数据吗？
  - 在一个“事实”被写完之后，我还会想要或需要重写它吗?
  - 如果一直将数据输入系统，会发生什么？

你在本章中熟悉了 Couchbase，这是学习数据库的一种方式。在本书的其余部分，你不需要更多关于此数据库的具体知识，但如果你对该技术感兴趣，则可以阅读一些相关图书。

3.6 本章小结

- 事实是已发生的事件和事件发生时间的不可改变的记录。
  - 在数据收集过程中转换事实会导致信息丢失，绝不应该这样做。

- 事实应该对信息的不确定性进行编码。
- 数据收集无法对大规模数据利用共享可变状态和锁来进行工作。
- 事实数据库解决了大规模数据收集的问题。
  - 事实可以在不阻塞或使用锁的情况下编写。
  - 事实可以任何顺序书写。
- 基于 future 的编程可以对操作费时甚至失败的可能性进行处理

在第 4 章中，我们将通过从原始事实数据中派生出具有语义意义的特征，使用所有这些原始事实数据。这些特征将是我们从数据中获取洞察力的第一步。我们将再次使用 Spark 来展示如何构建既简练又可大规模扩展的特征提取管道。

第4章

生成特征

本章包括：

- 从原始数据中提取特征
- 转换特征以使它们更有用
- 选择创建的特征
- 如何组织特征生成代码

本章是我们学习机器学习系统的组件或阶段的下一步，如图 4.1 所示。本章着重于将原始数据转换成有用的表示形式，即所谓的特征。构建可以从数据生成特征的系统(有时称为特征工程)的过程看起来似乎很复杂。人们的入手点通常是直观地了解他们希望系统中使用的特征是什么，而很少考虑如何生成这些特征的功能计划。如果没有一个可靠的计划，特征工程的阶段很容易偏离轨道，正如你在第 1 章的 Sniffable 示例中看到的那样。

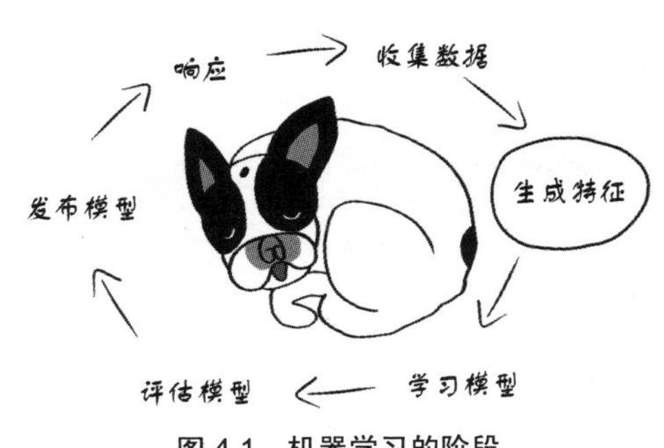

图 4.1 机器学习的阶段

在本章中，我将指导你完成特征管道中的三种主要操作类型：提取、转换和选择。并非所有系统都执行本章中所示的所有类型的操作，但可以认为所有特征工程技术都属于这三者之一。我将使用类型签名为所有组分配技术，并为我们的探索提供一些结构，如表 4.1 所示。

表 4.1 特征生成的阶段

阶段	输入	输出
提取	原始数据	特征
转换	特征	特征
选择	集合[Feature]	集合[Feature]

现实世界的特征管道可以具有非常复杂的结构。你将使用这些分组来帮助你了解如何以最佳方式构建特征生成管道。在我们探索这三种类型的特征处理操作时，我将介绍一些常用的技术和设计模式，这些设计模式将使你的机器学习系统不会变得混乱甚至不可维护。最后，在讨论第 5 章中论述的机器学习系统的下一个组件——模型学习管道时，我们将考虑数据管道的一些一般属性。

类型签名

你可能不熟悉如何使用类型来指导你的想法和实现程序。这种技术在 Scala 和 Java 等静态类型语言中很常见。在 Scala 中，函数是根据它们接收的输入、返回的输出以及两者的类型来定义的，这称为类型签名。在本书中，主要使用一种相当简单的签名符号形式：Grass => Milk，可以读作“从 Grass 类型的输入到 Milk 类型的输出的函数”。这将是某个函数的类型签名，其行为很像一头奶牛。

为了涵盖这个巨大的功能范围，我们需要克服一切困难，以获得对所有功能的一些看法。为此，我们将加入 Pidg'n 团队，这是一个针对树栖动物的微博社交网络，与 Twitter 没有太大区别。

我们将研究如何处理短形式的、基于文本的社交网络的混乱局面，并为活动构建有意义的表示。就像森林一样，其特征多样而丰富，充满隐藏的复杂性。然而，我们却可以通过观察树叶，利用反应式机器学习的能力来了解树栖动物的生活。

4.1 Spark ML

在开始构建特征之前，我想向你介绍更多的 Spark 功能。spark.ml 包(有时称为 Spark ML)定义了一些可用于创建机器学习管道的高级 API。此功能可以减少你自己需要实现的机器学习特定代码的数量，但使用它确实会改变你的数据结构。

Spark ML API 在特征提取、转换和选择方面使用的命名法与本章中使用的命名法基本相同，但有细微的差别。如果阅读 Spark ML 文档，你可能会看到所谓的“转换操作”的内容，又称为提取操作。这些通常是次要的、不重要的差异，你可以忽略它们。不同的技术对这个功能的命名和构造是不同的，你将在机器学习文献中看到各种不同的命名约定。本章中使用的基于类型签名的框架用于划分特征生成功能，它只是一个用来帮助你实现和组织代码的工具。一旦掌握了本章中的特征生成概念，你就能更好地了解命名方面的差异与功能的相似之处。

Spark 中的大部分机器学习功能都是为了与 DataFrame 一同使用而设计的，而不是与你之前见过的 RDD 一起使用。DataFrame 只是 RDD 之上的更高级 API，可为你提供更丰富的操作集。可以将 DataFrame 视为关系数据库中的表。它们具有不同的列，你可以定义这些列，然后进行查询。Spark 最近在性能和功能方面的大部分进展都集中在 DataFrame 上，因此，要想充分利用像 MLlib 的机器学习功能一样的强大功能，你需要在某些操作中使用 DataFrame。值得庆幸的是，它们非常类似于你一直使用的 RDD，以及你可能在其他语言中使用的表格数据结构，例如 Python 中的 pandas DataFrame 或 R 中的数据框架。

4.2 提取特征

现在已经介绍了一些工具，让我们开始解决问题。首先从原始数据开始探索特征工程过程。在本章中，你将扮演 Pidg'n 数据团队里工程师 Lemmy 的角色。

你的团队想要构建有关用户活动的各种预测模型。但是，你才刚刚起步，你所拥有的只是应用程序数据的基础知识：squawk(140 个字符或更少的文本帖子)、用户配置文件和粉丝关系。当然这是一个丰富的数据集，但你从来没有将它用于分析目的。首先，你决定将重点放在预测哪些新用户将成为 Super Squawker(有超过一百万的粉丝)的问题上。

为了启动这个项目，你将提取一些特征，以便在机器学习系统的其他部分使用。我将特征提取的过程定义为接收某种原始数据并返回一个特征。使用 Scala 类型签名，特征提取可以表示如下：RawData => Feature，可以读作“获取原始数据并返回特征的函数”。如果你定义了一个满足该类型签名的函数，它可能看起来类似于代码清单 4.1 中的存根(stub)。

代码清单 4.1 提取特征

```
def extract(rawData: RawData): Feature = ???
```

换句话说，由原始数据产生的任何输出都是潜在的特征，无论是否曾被用于学习模型。

Pidg’n 数据团队从应用程序的第一天起就一直在收集数据，作为保持网络运行的一部分。你拥有 Pidg’n 用户所进行的所有操作的完整、未改变的记录，非常类似于第 3 章中讨论的数据模型。你的团队已经构建了一些数据聚合以用于基本分析目的。现在，你希望通过生成具有语义意义的原始数据特征的派生表示，将系统提升到一个新的水平。一旦你拥有任何类型的特征，你就可以开始学习模型来预测用户行为了。特别是，你想知道是什么让特定的 squawk 和 squawker 比其他的更受欢迎。如果一些 squawk 有潜力变得非常受欢迎，你想为它们提供更加流畅的体验，没有广告，鼓励它们发出更多的 squawk。

让我们首先从 squawk 文本的原始数据中提取特征。你可以从定义一个简单的 case 类开始，并为一些 squawk 提取单个特征。代码清单 4.2 显示了如何提取由给定 squawk 文本中的单词组成的特征。这个实现将使用 Spark 的分词器(Tokenizer)将句子分解为单词。分词只是 Spark 内置的几种常见的文本处理实用程序之一，这些实用程序使编写这样的代码既快捷又容易。对于高级用例，你可能希望使用更复杂的文本解析库，但使用常用的实用程序可能非常有帮助。

代码清单 4.2 从 squawk 中提取单词特征

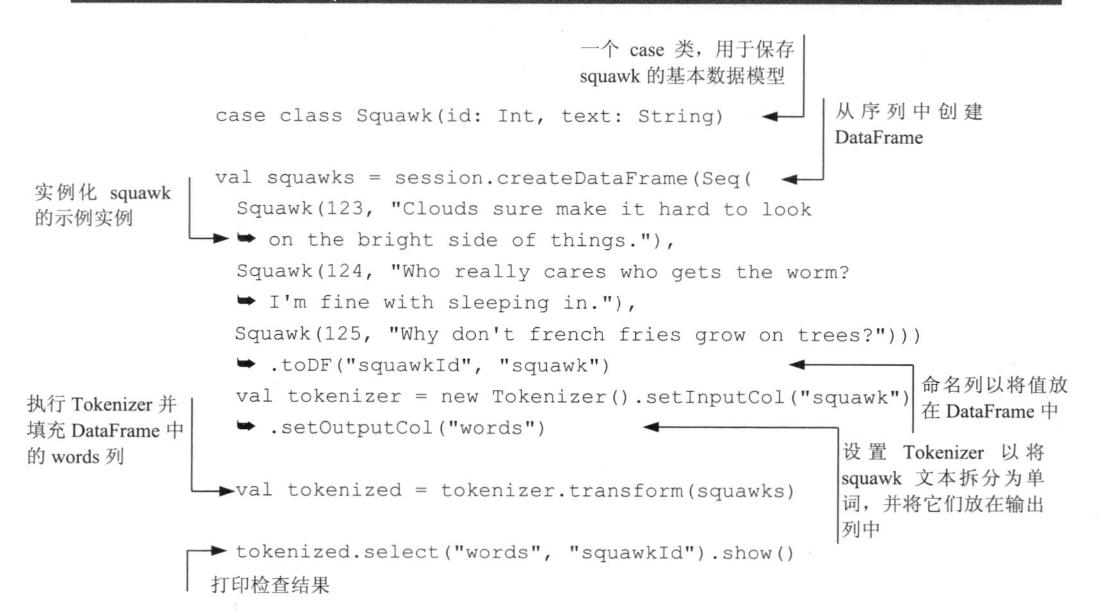

代码清单 4.2 中的操作为你提供了一个 DataFrame，其中包含一个名为 words 的列，里面包含 squawk 文本中的所有单词。你可以将 words 列中的值称为特征。这些值可用于学习模型。让我们使用 Scala 类型系统使管道的语义更清晰。

使用代码清单 4.3 中的代码，可以定义一个特征是什么，以及生成了什么特定类型的特征。然后，可以从该 DataFrame 中获取单词列，并使用它来实例化这些特征类的实例。这与 Tokenizer 为你生成的单词相同，但是现在你有了更丰富的表示形式，可以使用它们来帮助构建特性生成管道。

代码清单 4.3　从 squawk 中提取单词特征

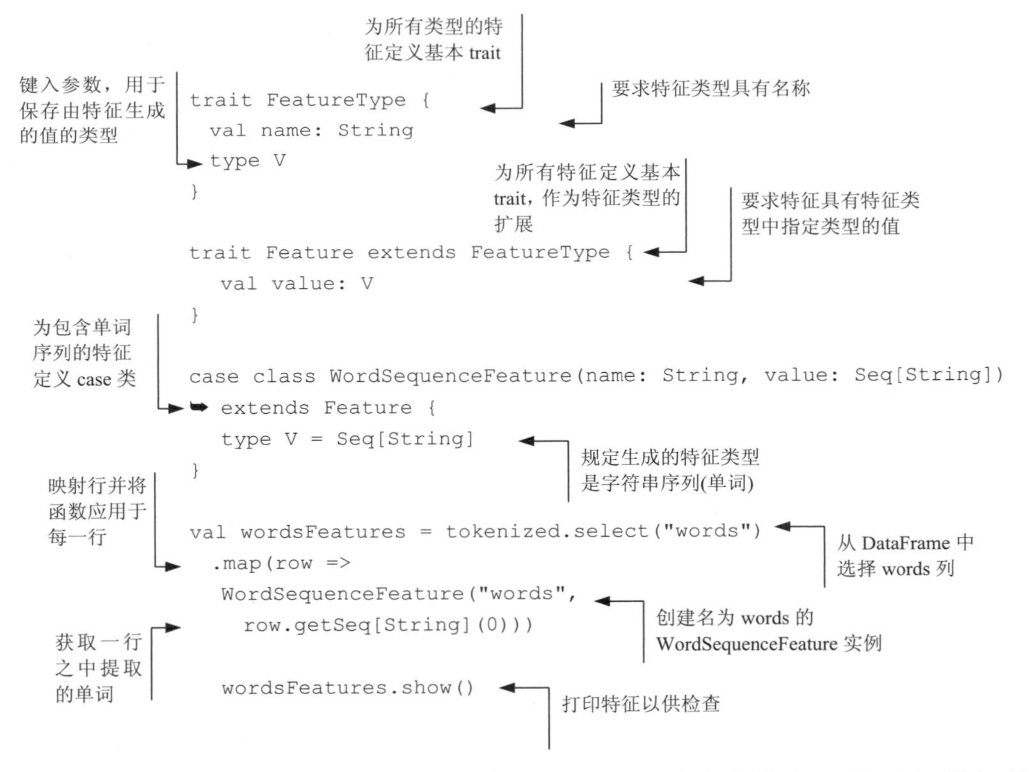


```scala
trait FeatureType {
  val name: String
  type V
}

trait Feature extends FeatureType {
   val value: V
}

case class WordSequenceFeature(name: String, value: Seq[String])
   extends Feature {
   type V = Seq[String]
}

val wordsFeatures = tokenized.select("words")
  .map(row =>
   WordSequenceFeature("words",
     row.getSeq[String](0)))

   wordsFeatures.show()
```

通过这一小段额外的代码，你可以更显式地定义特征，并且与最初的 DataFrame 中原始数据的细节相关联。结果值是 WordSequenceFeature 的 RDD。稍后，你将看到如何继续将此特征的 trait 与管道定义中不同类型特征的特定 case 类一起使用。

另请注意，在 DataFrame 上操作时，你可以使用纯匿名高阶函数来创建特征的实例。当我在第 1 章介绍它们时，纯函数、匿名函数和高阶函数的概念可能听起来相当抽象。但是现在你已经看到它们在几个地方被使用了，我希望你能够清楚地看到它们可以被非常简单地编写。既然你已经掌握了一些 Scala 和 Spark 编程知识，我希望你能够直观地从没有副作用的纯函数的角度考虑数据转换，就像特征提取一样。

你和 Pidg'n 数据团队的其他成员现在可以在机器学习管道模型的下一阶段(模型学习)中使用这些特征——但它们可能不足以学习 Super Squawker 的模型。这些首词特征只是一个开始，你可以将你对 squawker super 的理解更多地编码到特征本身中。

需要明确的是，有一些复杂的模型学习算法，例如神经网络，它们只需要对所使用的数据进行很少的特征工程。你可以将刚刚生成的值用作模型学习过程中的特征。但是，如果你想要获得可接受的预测性能，许多机器学习系统将要求你在模型学习中使用这些特征之前，利用它们做更多的工作。不同的模型学习算法具有不同的优缺点，正如我们将在第 5 章中探讨的那样，但是所有这些算法都将受益于基本特征的转换方式，这使得模型学习过程更加简单。我们需要继续看看如何从其他特征中创建特征。

4.3　转换特征

既然你已经提取了一些基本特征，那么让我们弄清楚如何使它们变得有用。这种获取一个特征并从中生成一个新特征的过程称为特征转换。在本节中，我将向你介绍一些常见的转换函数，并讨论如何构造它们。然后我将向你展示一类非常重要的特征转换：将特征转换为概念标签。

什么是特征转换？在类型签名的形式中，特征转换可以表示为 Feature => Feature，这是一个获取特征并返回另一个特征的函数。代码清单 4.4 显示了转换函数(有时称为变换)的存根实现。

代码清单 4.4　转换特征

```
def transform(feature: Feature): Feature = ???
```

在 Pidg'n 数据团队的例子中，你已经决定在先前的特征工程工作的基础上，创建一个由 squawk 中给定单词的出现频率组成的特征。这个量有时被称为词频。Spark 内置的功能使计算这个值很容易，参见代码清单 4.5。

代码清单 4.5　将单词转换为词频

实例化类的实例以计算词频

```
val hashingTF = new HashingTF()
```

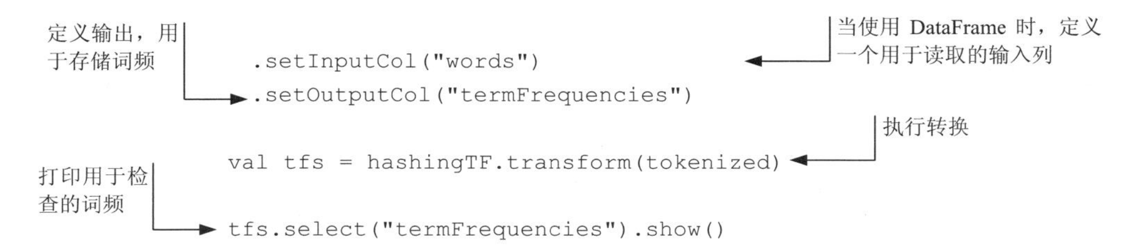

值得注意的是，词频的 hashingTF 实现是为了使用之前生成的 DataFrame，而不是你之后设计的特征。Spark ML 的管道概念侧重于连接 DataFrame 上的操作，因此，它不能在没有更多转换代码的情况下，使用你以前生成的特征。

特征哈希

在 Spark 库中使用的术语“哈希”指的是特征哈希。尽管在特征生成管道中并不总是使用，但是对于构建大量特征来说，特征哈希是一项非常重要的技术。在诸如词频之类的基于文本的特征中，无法预先知道所有可能的特征是什么。squawker 可以在 Pidg'n 上发出他们想要发的任何东西。即使是一本英语词典也不会收录 squawker 可能使用的所有俚语。自由文本输入意味着可能的术语范围实际上是无限的。

一种解决方案是定义一个哈希范围，其大小为你希望在模型中使用的不同特征的总数。然后，你可以对每个输入应用一个确定性哈希函数，以在哈希范围内生成不同的值，为每个特征提供唯一的标识符。例如，假设 hash("trees")返回 65 381。该值将作为特征的标识符传递给模型学习函数。可能这看起来似乎并不比只使用 trees 作为标识符更有用，但它确实更有用。当我在第 7 章讨论预测服务时，我将讨论为什么你希望能够识别系统以前从未见过的特征。

下面介绍 Spark ML 的以 DataFrame 为中心的 API 是如何用于像这样的连接操作的。在第 5 章开始学习模型之前，你无法充分利用 Spark ML，但是它对于特征生成仍然很有用。可以使用 Spark ML 管道重新实现上面的一些代码。这将允许你将分词器和词频操作设置为管道中的阶段，参见代码清单 4.6。

代码清单 4.6　使用 Spark ML 管道

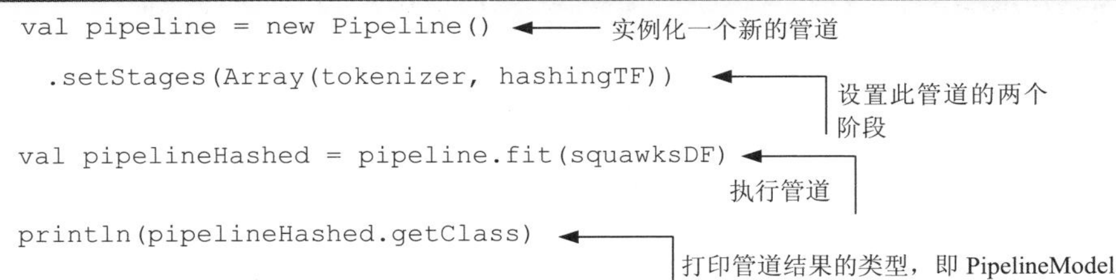

此管道不会产生一组特征，甚至不会产生一个 DataFrame。相反，它返回一个 PipelineModel，在这种情况下，它将无法执行任何有用的操作，因为你尚未学习模型。我将在第 5 章讨论这段代码，在那里我们将涵盖特征生成到模型学习的全过程。关于这段代码需要注意的主要一点是，你可以将管道编码为应用程序中的清晰抽象。机器学习工作的很大一部分涉及类似管道的操作。使用 Spark ML 管道方法，你可以通过按顺序设置管道的各个阶段的方法，来非常清楚地了解管道的组成方式。

4.3.1 共同特征转换

有些时候没有所需的实现特征转换的库。给定的特征转换可能具有特定于应用程序的语义，因此通常需要自己实现特征转换。

考虑如何构建一个特征来表明给定的 Pidg'n 用户是 Super Squawker(拥有超过一百万粉丝的用户)。特征提取过程将为你提供有关给定 squawker 的粉丝数量的原始数据。如果你使用粉丝的数量作为一个特征，那么这将被称为数字特征。该数字将是来自粉丝图数据的准确快照，但是，对于所有模型学习算法来说并不一定容易使用。因为你的意图是表达 Super Squawker 的概念，所以你可以使用更简单的表示形式：一个布尔值，表示这个 squawker 是否拥有超过一百万的粉丝。

松鼠是相当普通的用户，很少有粉丝；但树懒是了不起的 Super Squawker。为了生成关于这两个 squawker 之间差异的有意义的特征，你将遵循从原始数据到数字特征，再到布尔特征的相同过程。图 4.2 中的两个用户显示了这一系列的数据转换。

图 4.2 特征转换

代码清单 4.7 显示了如何实现这种二值化方法，以生成 Super Squawker 特征。

代码清单 4.7 对数值特征进行二值化

指定下列为整数特征

表示数值特征的 case 类，其中值是整数

```
case class IntFeature(name: String, value: Int) extends Feature {
  type V = Int
```

```
}

case class BooleanFeature(name: String, value: Boolean) extends Feature {
  type V = Boolean
}

def binarize(feature: IntFeature, threshold: Double): BooleanFeature = {
  BooleanFeature("binarized-" + feature.name, feature.value > threshold)
}

val SUPER_THRESHOLD = 1000000

val squirrelFollowers = 12
val slothFollowers = 23584166

val squirrelFollowersFeature = IntFeature("followers", squirrelFollowers)
val slothFollowersFeature = IntFeature("followers", slothFollowers)

val squirrelIsSuper = binarize(squirrelFollowers, SUPER_THRESHOLD)
val slothIsSuper = binarize(slothFollowers, SUPER_THRESHOLD)
```

指定这些是布尔特征

表示布尔特征的 case 类

采用数字整数特征和阈值并返回布尔特征的函数

将转换函数的名称添加到结果特征名称中

松鼠和树懒的原始粉丝数量

常量用于定义 Super Squawker 的临界值

表示粉丝数量的数字整数特征

布尔特征表明松鼠不是 Super Squawker

布尔特征表明树懒是 Super Squawker

二值化函数是可重用转换函数的一个很好的例子。它还通过将转换函数的名称附加到结果特征，来确保结果特征在某种程度上是自描述的。确保我们能够识别用于生成特征的操作，是我们将在后面的章节中重新讨论的一个想法。最后，请注意转换函数 binarize 是一个纯函数。

在特征转换中，只使用纯函数是为特征生成代码建立一致结构的重要组成部分。在代码库中分离特征提取和特征转换可能很困难，并且两者之间的界限可能难以绘制。理想情况下，任何 I/O 或副作用操作都应包含在管道的特征提取阶段，所有转换的功能都实现为纯函数。正如你稍后将看到的，纯变换易于扩展，并且易于跨特征和特征提取上下文(模型学习和预测)进行重用。

存在大量常用的转换函数。与二值化类似，一些方法将连续值减少到离散标签。例如，用于表示发布 squawk 的时间的特征可能不会使用完整的时间戳。相反，更有用的表示可以是将所有时间转换为有限的标签集，如表 4.2 所示。

表 4.2　将时间转换为时间标签

时间	标签
7:02	Morning
12:53	Midday Night
19:12	

实现这样的转换很简单，而且自然是纯函数。

将连续数据减少到标签还有另一种变体，称为分箱(binning)，其中，源特征被缩减为由其所属的值范围定义的某个任意标签。例如，可以获取给定用户的squawker次数，并将其减少为三个标签中的一个，以表示squawker的活跃程度，如表4.3所示。

表4.3　分箱

squawk	标签	活跃程度
7	0_99	最不活跃的squawker
1 204	1000_99999	中等活跃的squawker
2 344 910	1000000_UP	最活跃的squawker

同样，这种转换的实现也很简单，自然也是纯函数。转换应该易于编写，并且应该与数学符号中的公式密切对应。在实现转换时，应该始终遵守KISS(Keep It Simple，Sparrow)原则。如果不实现复杂的转换，反应式机器学习系统就很难实现。通常，过长的转换实现会让人觉得难以接受。在一些特殊情况下，你可能想要实现一些类似转换器的东西，其中包含更多的语义。我们将在后面部分探讨这种情况。

4.3.2　转换概念

在离开转换这一主题之前，我们需要考虑一个非常常见且关键的特征转换：概念的转换。如第1章所述，概念是机器学习模型试图预测的东西。虽然一些机器学习算法可以学习连续概念的模型，例如，给定用户在接下来的一个月中会写多少个squawk，但是许多机器学习系统是用来执行分类的。在分类问题中，学习算法试图学习离散数量的类标签，而不是连续值。在这样的系统中，必须在特征提取期间从原始数据中产生概念，然后通过转换将其简化为类标签。概念类标签与特征并不完全相同，但不同之处通常仅在于我们如何使用这些数据。理想情况下，将特征二值化的代码也可以同样应用到对概念的二值化上。

代码清单4.8基于代码清单4.7中的代码，采用关于Super Squawker的布尔特征，并生成布尔概念标签，将标签分为超级或非超级。

代码清单4.8　从特征创建概念标签

```
trait Label extends Feature

case class BooleanLabel(name: String, value: Boolean) extends Label {
  type V = Boolean
}
```

将标签定义为特征的子类型

为布尔标签创建case类

```
def toBooleanLabel(feature: BooleanFeature) = {
  BooleanLabel(feature.name, feature.value)
}

val squirrelLabel = toBooleanLabel(squirrelIsSuper)
val slothLabel = toBooleanLabel(slothIsSuper)

Seq(squirrelLabel, slothLabel).foreach(println)
```

定义从布尔特征到布尔标签的简单转换函数

将 Super Squawker 特征值转换为概念标签

打印标签值以供检查

在上述代码中，已将概念标签定义为特征的特殊子类型。这不是通常讨论特征和标签的方式，但却可以成为机器学习系统中代码重用的有用约定。无论你是否打算这样做，只要任何给定的特征值表示要学习的概念类，就都可以用作概念标签。代码清单 4.8 中的 Label 特性不会更改特征中数据的底层结构，但它允许你在将特征用作概念标签时进行注释。代码的其余部分非常简单，你会再次得到相同的结论：人们对松鼠所说的内容并不感兴趣。

4.4　选择特征

你再一次身处这样的阶段：如果迄今为止的所有工作你都已经完成了，那么你可能已经完成了特征生成的工作。可以使用已经生成的特征来学习模型。但有时在开始学习模型之前对特征进行额外处理是值得的。在特征生成过程的前两个阶段，你生成了可能要用于学习模型的所有特征，有时称为特征集。既然你已拥有特征集，可以考虑将其中的一些特征丢弃了。

从特征中选择要使用的特征的过程称为特征选择。在类型签名形式中，它可以表示为 Set [Feature] => Set [Feature]，这是一个获取一组特征并返回另一组特征的函数。代码清单 4.9 显示了特征选择器的存根实现。

代码清单 4.9　一个特征选择器

```
def select(featureSet: Set[Feature]): Set[Feature] = ???
```

为什么要抛弃特征呢?它们不是很有用、很有价值吗?从理论上讲，鲁棒机器学习算法可以将包含任意数目特征的特征向量作为输入，学习给定概念的模型。在现实中，提供具有太多特征的机器学习算法只会让学习模型花费更长的时间，并可能降低模型的性能。你可以很容易地在特征中进行选择，通过改变转换过程中使用的参数，你可以用非常少的代码创建无限数量的特征。

使用像 Spark 这样的现代分布式数据处理框架，可以方便地处理任意大小的数据集。在管道的特征提取和转换阶段，考虑大量的特征肯定对你有好处。一旦在特征集中产生所有的特征，就可以使用 Spark 中的一些工具，把那个特征集分解成模型学习算法用来学习模型的特征。在其他机器学习库中也有特征选择功能的实现；spark 的 MLlib 是众多选项之一，当然并不是最古老的一个。在某些情况下，MLlib 提供的特征选择功能可能还不够，但是无论使用库实现还是定制功能，特征选择的原则都是相同的。如果完成了自己的特征选择版本的编写工作，那么它在概念上仍然与 MLlib 的实现类似。

使用 Spark 功能将再次要求你放弃特征 case 类和静态类型的保证，以使用围绕高级 DataFrame API 实现的机器学习功能。首先，你需要构造训练实例的 DataFrame。这些实例将由三部分组成：任意标识符、特征向量和概念标签。下面的代码清单 4.10 显示了如何构建这个实例集合。你将使用一些合成数据，而不是使用真正的特征，你可以想象这些数据是关于 Squawker 的各种属性的。

代码清单 4.10 一个实例的 DataFrame

```
val instances = Seq(                                     ← 定义实例集合
  (123, Vectors.dense(0.2, 0.3, 16.2, 1.1), 0.0),        ← 硬编码一些合成特征和概念标签数据
  (456, Vectors.dense(0.1, 1.3, 11.3, 1.2), 1.0),
  (789, Vectors.dense(1.2, 0.8, 14.5, 0.5), 0.0)
)

val featuresName = "features" val labelName = "isSuper"  ← 特征和标签列的名称

val instancesDF = session.createDataFrame(instances)     ← 从实例集合创建 DataFrame
  .toDF("id", featuresName, labelName)                   ← 设置 DataFrame 中每列的名称
```

一旦有了实例的 DataFrame，就可以利用 MLlib 中内置的特征选择功能。可以应用卡方统计检验来排序每个特征对概念标签的影响程度，这有时被称为特征重要性。根据该标准对特征进行排序后，可以在模型学习之前丢弃影响较小的特征。代码清单 4.11 展示了如何从特征向量中选择两个最重要的特征。

代码清单 4.11 基于卡方的特征选择

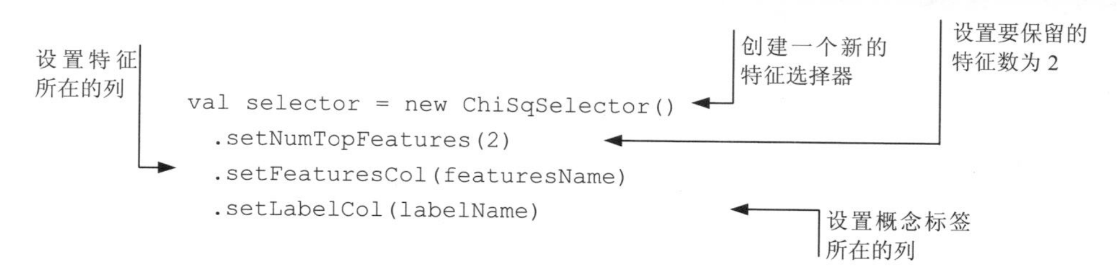


```
val selector = new ChiSqSelector()
  .setNumTopFeatures(2)
  .setFeaturesCol(featuresName)
  .setLabelCol(labelName)
```

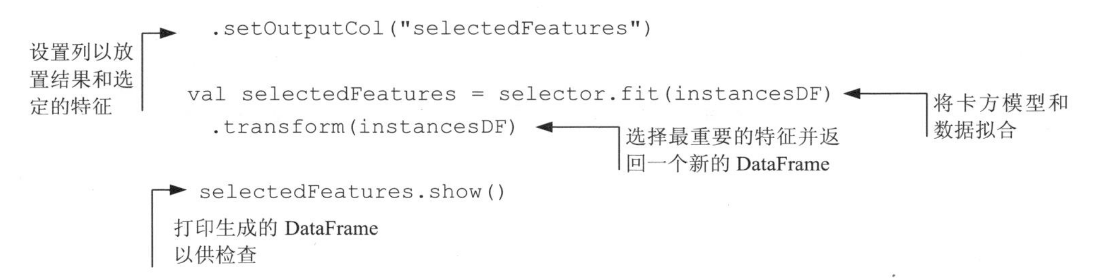

如你所见，在库调用中提供标准的特征选择功能使特征选择变得非常方便。如果必须自己实现基于卡方的特征选择，你会发现那个实现要比你刚刚编写的代码长得多。

4.5 构造特征代码

在本章中，你已经编写了特征生成管道中所有最常见组件的示例实现。正如你所见，其中一些组件非常简单，很容易构建，你可能会看到自己毫不费力地构建了许多组件。假如使用 KISS 原则，那么在系统中生成大量特征提取、转换和选择功能的情况就不会发生了。反之，就很难说了。

在机器学习系统中，特征生成代码通常可以通过某些措施成为代码库的最大部分。典型的 Scala 实现针对每个提取和转换操作都有一个类，随着类数量的增加，这种情况很快就会变得难以处理。为了防止特征生成代码成为各种任意操作的混乱集合，你需要着手将对特征生成的语义的更多理解放入特征生成功能实现的结构中。稍后将介绍构建特征生成代码的一种策略。

4.5.1 特征生成器

在最基本的层面上，你需要定义何为特征生成功能单元的实现。我们称之为特征生成器。特征生成器可以包含提取操作，也可以包含提取和转换操作。提取和转换操作的实现可能与你之前看到的不同，但这些操作都将封装在生成特征的独立可执行代码单元中。你的特征生成器可以获取原始数据，并生成要用于学习模型的特征。

让我们使用一个 trait 来实现你的特征生成器。在 Scala 中，trait 用于以类型的形式定义行为。一个典型的 trait 将包括签名和定义 trait 的公共行为的方法的可能实现。Scala trait 与 Java：C ++以及 C#中的接口非常相似，但与这些语言中的任何一种相比，其接口使用起来都更容易、更灵活。

就本节而言，假设从特征生成系统的角度看，你的原始数据包括 squawk。特征生成的过程将是从 squawk 到特征的过程。可以定义相应的特征生成器 trait，参见代码清单 4.12。

代码清单 4.12　一个特征生成器 trait

```
trait Generator {
  def generate(squawk: Squawk): Feature
}
```

Generator trait 将一个特征生成器定义为一个对象，该对象实现了一个方法——generate——它会拿到一个 squawk 并返回一个特征。这是定义特征生成行为的具体方法。一个特征生成的特定实现可能需要各种其他功能，但这是所有特征生成实现中通用的部分。让我们看看这个 trait 的一个实现。

你的团队对了解 squawk 的长度如何影响 squawk 的受欢迎程度很感兴趣。人们直观上认为，对那些像蜂鸟一样的 Squawker 来说，即使是 140 个字符也显得太多了，因为它们很快就会感到厌倦。相反，秃鹫会一连几个小时盯着同一个 squawk ，所以很长的帖子对它们来说不是什么问题。为了能够构建将相关内容呈现给这些不同受众的推荐模型，你需要将一些围绕 squawk 长度的数据编码为特征。使用 Generator trait 可以很容易地实现这一点。

如前所述，可以使用分箱(binning)技术来捕获长度的概念，从而将数值数据降低到类别。72 个字符的 squawk 和 73 个字符的 squawk 没有太大区别。你只是想捕捉一个 squawk 的近似大小，你可以根据长度将 squawk 分为三类：短，中，长。你将类别之间的阈值定义为总可能长度的三分之一。根据 Generator trait 来实现，你将得到代码清单 4.13 所示的内容。

代码清单 4.13　一个类别特征生成器

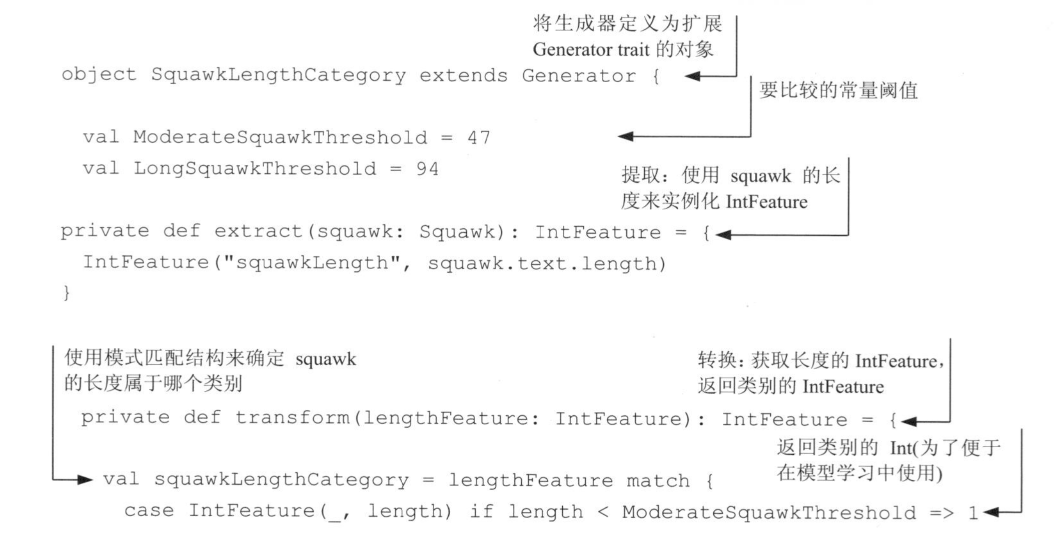
```
object SquawkLengthCategory extends Generator {

  val ModerateSquawkThreshold = 47
  val LongSquawkThreshold = 94

private def extract(squawk: Squawk): IntFeature = {
  IntFeature("squawkLength", squawk.text.length)
}

  private def transform(lengthFeature: IntFeature): IntFeature = {

    val squawkLengthCategory = lengthFeature match {
      case IntFeature(_, length) if length < ModerateSquawkThreshold => 1
```

```
      case IntFeature(_, length) if length < LongSquawkThreshold => 2
      case _ => 3
    }
    IntFeature("squawkLengthCategory", squawkLengthCategory)
  }

  def generate(squawk: Squawk): IntFeature = {
    transform(extract(squawk))
  }
}
```

在所有其他情况下，返回类别3，一个长的 squawk

返回类别作为新的 IntFeature

生成：从 squawk 中提取特征，然后转换为类别的 IntFeature

该生成器是根据单个对象定义的。你不需要使用类的实例，因为所有生成操作本身都是纯函数。

在特征生成器的实现的内部，仍然使用了提取和转换的概念，即使你现在只将生成方法公开为此对象的公共 API。虽然这似乎并不总是必要的，但使用基于特征的类型签名以一致的方式定义所有提取和转换操作会很有帮助。这可以使编写和重用代码变得更容易。

重用代码是特征生成功能中的一个大问题。在给定系统中，许多特征生成器将执行彼此非常相似的操作。

如果一个给定的转换被分解并可重用，那么它可能会被使用数十次。如果没有预先考虑这些问题，你可能会发现你的团队又重新实现了某些转换，例如，在特征生成代码库中以略微不同的方式实现了五次求平均数的功能，这可能导致棘手的错误和臃肿的代码。

你不希望你的特征生成代码比一棵挤满猿猴的树还混乱吧！让我们仔细看看生成器功能的结构。代码清单 4.14 中的转换函数正在做一些你可能会在代码库中经常做的事情：根据某个阈值进行分类。

代码清单 4.14　使用模式匹配的分类

```
private def transform(lengthFeature: IntFeature): IntFeature = {
  val squawkLengthCategory = lengthFeature match {
    case IntFeature(_, length) if length < ModerateSquawkThreshold => 1
    case IntFeature(_, length) if length < LongSquawkThreshold => 2
    case _ => 3
  }
```

你肯定不应该多次实现与阈值的比较，所以让我们找到一种方法，来抽取代码并使其可以重用。同样奇怪的是，你必须自己定义类标签整数。理想情况下，你只需要考虑阈值，其他什么都不需要。

让我们抽取这段代码的公共部分以便重用，并使其在此过程中更加通用。代码清单 4.15 中的代码显示了这样做的一种方法。注释有点密集，所以我们将详细介绍它们。

代码清单 4.15 广义分类

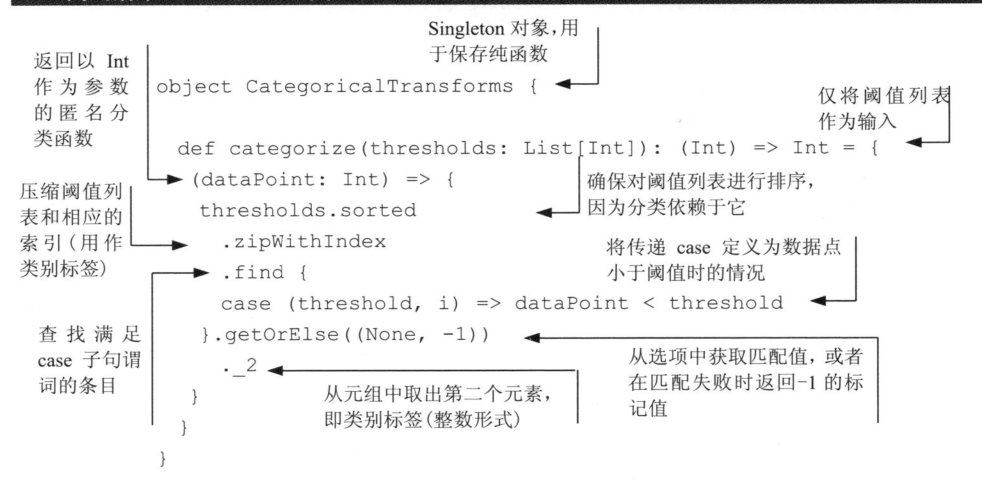


```
object CategoricalTransforms {

  def categorize(thresholds: List[Int]): (Int) => Int = {
   (dataPoint: Int) => {
    thresholds.sorted
      .zipWithIndex
      .find {
      case (threshold, i) => dataPoint < threshold
    }.getOrElse((None, -1))
      ._2
   }
  }
}
```

此解决方案使用的一些技术你可能以前从未见过。首先，这个函数的返回类型是(Int)=> Int，这个函数接收一个整数并返回另一个整数。在这种情况下，返回的函数将根据先前提供的阈值对给定的整数进行分类。

阈值和类别也被压缩在一起，因此它们可以作为一对相关值(以元组的形式)进行操作。压缩(有时也称为卷积)是一种功能强大的技术，Scala 和其他语言在函数式编程传统中经常使用这种技术。zip 名称来自于拉链动作。在本例中，使用了一种特殊的 zip 操作，它可以方便地为你提供与要压缩集合中的元素数量相对应的索引。这种生成索引的方法远比使用可变计数器的 C 风格迭代更简练，你可能已经在其他语言中看到过，例如 Java 和 C++。

在压缩值之后，使用另一个新函数 find，可以使用该函数来定义根据谓词要查找的集合的元素。谓词是布尔函数，可以是真(true)或假(false)，具体取决于它们的值。它们通常用于数学、逻辑和各种形式的编程，如逻辑和函数式编程。在此用法中，谓词提供了明确的语法，用于定义属于类别桶的内容。

这段代码还处理了外部使用中的不确定性，这是你以前从未遇到过的。具体来说，它对类别进行排序，因为它们可能不在排序列表中提供，但你的算法依赖于对它们进行顺序操作。find 函数还返回一个选项(Option)，因为 find 操作可能找到匹配值，也可能找不到匹配值。在这种情况下，使用值-1 表示不可用的类别，但是如何处理分类失败在很大程度上取决于如何将功能集成到客户端生成器代码中。当你将公共特征转换分解为此类共享函数时，你应该考虑将来广泛使用转换的可能性。通过使用这些额外的保障来实现它，可以降低将来某人使用你的分类功能而无法获得他想要的结果的可能性。

代码清单 4.15 中的代码可能比代码清单 4.13 和 4.14 中的原始实现更难理解。重构版本可以为你提供更加通用且强大的分类版本。你可能不希望特征生成器的每个实现者都要为一个简单的转换做这么多工作，因此，你已经将这个功能分解为共享的、可重用的代码，所以他们不必这样做。任何需要根据阈值列表对值进行分类的特征生成功能，现在都可以调用此函数。现在可以用代码清单 4.16 中的非常简单的版本替换代码清单 4.13 和 4.14 中的转换。在代码清单 4.15 中，你仍然有一个相对复杂的分类实现，但是现在，这个复杂的实现被分解为单独的组件，它更加通用并可重用。正如你在代码清单 4.16 中看到的那样，该功能的调用者，比如这个转换函数，可以非常简单。

代码清单 4.16　重构的分类转换

```
import CategoricalTransforms.categorize

private def transform(lengthFeature: IntFeature): IntFeature = {
  val squawkLengthCategory = categorize(Thresholds)
  ➥ (lengthFeature.value)
  IntFeature("squawkLengthCategory", squawkLengthCategory)
}
```

创建分类函数并应用于分类值

一旦拥有了数十种分类特征，这种设计策略将使你的生活变得更加轻松。如果决定改变实现方式，类别现在很容易插入并且易于重构。

4.5.2　特征集的组成

你已经了解了如何在产生的特征中进行选择，但实际上，在某些机器学习系统中有一个必要的步骤。在开始创建特征的过程之前，你可能希望对应该执行哪些特征生成器做出选择。不同的模型需要提供不同的特征。此外，由于业务规则、隐私问题或法律原因，有时你需要对数据的正常使用应用特定重写。

就 Pidg'n 而言，由于规模，你将面临一些独特的挑战。不同地区有不同的监管制度来管理公民数据的使用。最近，巴拿马热带雨林地区的一个新政府上台了。

新任商务部长是一只无情的青蛙，他宣布了一项新的法规，限制将社交媒体用户数据用于非雨林目的。在与你的律师协商后，你认为新的法律意味着从雨林用户数据中提取的特征应该只在模型的上下文中使用，以便应用于雨林居民的推荐上。

让我们看看这个变化可能对你的代码库产生什么影响。为简洁起见，让我们定义一个简单的 trait，以便你快速制作简化的生成器。这将是一个辅助程序，允许你跳过与特征集组合无关的生成器实现细节。代码清单 4.17 定义了一个返回随机整数的存根特征生成器。

代码清单 4.17 一个存根特征生成器

```
trait StubGenerator extends Generator {
  def generate(squawk: Squawk) = {
    IntFeature("dummyFeature", Random.nextInt())
  }
}
```

使用 trait 实现器的 generate 方法的实现

返回随机整数

使用这个简单的辅助程序 trait，你现在可以探索雨林数据使用规则可能对你的特征生成代码产生的一些影响。假设负责集成特征生成器的代码如代码清单 4.18 所示。

代码清单 4.18 整合初始特征集

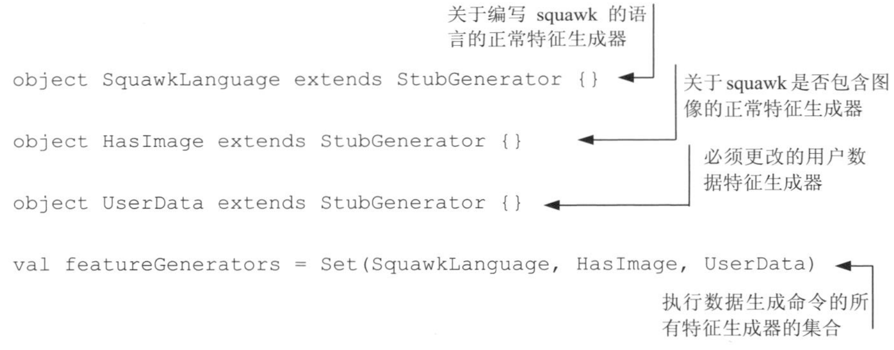

```
object SquawkLanguage extends StubGenerator {}

object HasImage extends StubGenerator {}

object UserData extends StubGenerator {}

val featureGenerators = Set(SquawkLanguage, HasImage, UserData)
```


现在，你需要重新构建代码，以便为你的常规全局模型生成一个特征集，并为你的雨林模型也生成一个特征集，如图 4.3 所示。代码清单 4.19 显示了定义这两组不同特征生成器的方法。

代码清单 4.19 多个特征集

```
object GlobalUserData extends StubGenerator {}

object RainforestUserData extends StubGenerator {}

val globalFeatureGenerators = Set(SquawkLanguage, HasImage,
➥ GlobalUserData)
```

用户数据特征生成器，仅可以访问非雨林数据

用户数据特征生成器，仅可以访问雨林数据

可用于全局模型的特征集

```
val rainforestFeatureGenerators = Set(SquawkLanguage, HasImage,
➥ RainforestUserData)
```

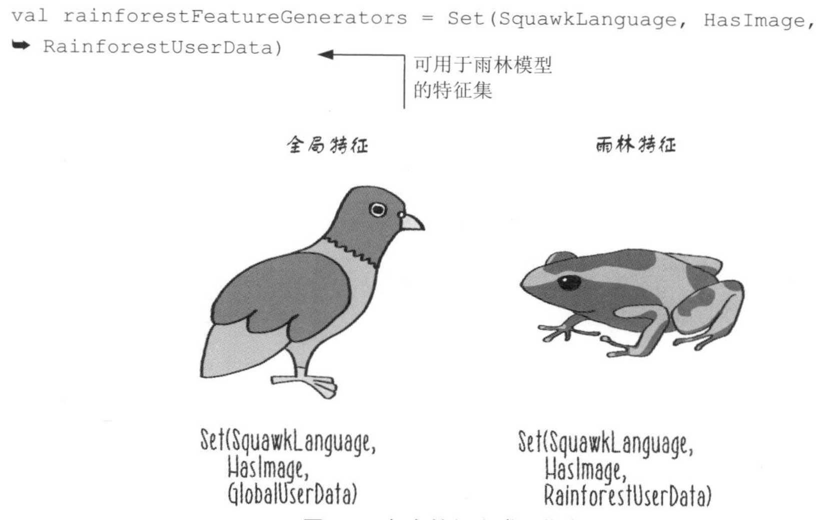

图 4.3　多个特征生成器集合

如果你愿意，可以停止使用此实现。只要雨林特征生成器被用于雨林模型，你就已经完成了青蛙的要求，但是我们有理由继续研究这个问题。机器学习系统实现起来是非常复杂的。通用的特征生成功能可以在各种地方重用。代码清单 4.19 中的实现是正确的，但随着 Pidg'n 的快速增长，不熟悉此数据使用问题的新工程师可能会以滥用雨林特征数据的方式重构此代码。

让我们看看，你是否可以通过定义一个允许将代码标记为包含雨林用户数据的 trait，使滥用这些数据变得更加困难。

代码清单 4.20　确保正确使用雨林数据

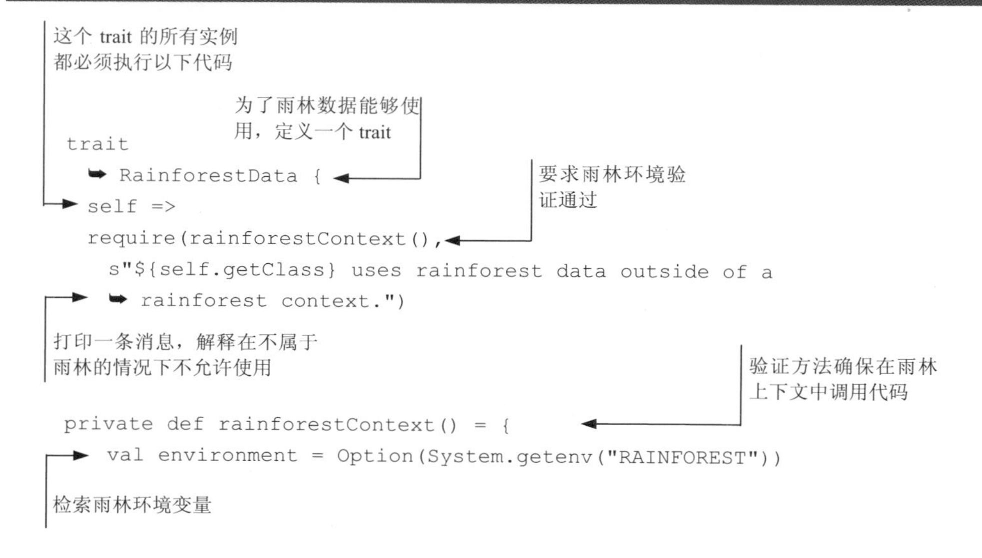

```
trait
  ➥ RainforestData {
  self =>
  require(rainforestContext(),
    s"${self.getClass} uses rainforest data outside of a
    ➥ rainforest context.")

 private def rainforestContext() = {
    val environment = Option(System.getenv("RAINFOREST"))
```

```
    environment.isDefined && environment.get.toBoolean   ← 检查这个值是否存在且为 true
  }
}

object SafeRainforestUserData extends StubGenerator
➥ with RainforestData {}          ← 为雨林用户数据定义特征生成器

val safeRainforestFeatureGenerators = Set(SquawkLanguage,
➥ HasImage, SafeRainforestUserData)   ← 集成特征生成器以用于雨林数据
```

除非显式地定义环境变量 RAINFOREST 并将其设置为 TRUE，否则上述代码将抛出异常。如果要查看运行情况，当使用的是 macOS 或 Linux 时，可以在终端窗口中导出该环境变量，参见代码清单 4.21。

代码清单 4.21　导出一个环境变量

```
export RAINFOREST=TRUE
```

然后，可以在同一个终端窗口中再次执行清单 4.20 中的代码，而不会出现异常。这与你在产品特征生成作业中使用它的方式类似。在配置、构建或作业编排功能中使用多种不同机制中的任何一种，可以确保为雨林特征而非全局特征生成作业正确设置此变量。创建新特征生成作业的新工程师没有理由为其他目的而设置此变量。如果该工程师误用了雨林特征生成器，那么这种误用将在首次以任何形式执行作业时被立即显示出来。

配置

使用环境变量是配置机器学习系统组件的众多不同方法之一。它具有易于入门和广泛支持的优点。

随着机器学习系统变得越来越复杂，你需要确保有一个经过深思熟虑的计划来处理配置。毕竟，将机器学习系统的属性设置为配置可以在很大程度上决定它是否在面对错误或负载变化时保持响应。本书的第III部分解决了大多数这些问题，其中我们考虑了操作机器学习系统的挑战。好消息是，可以从 Scala 和大数据生态系统中找到许多通用工具，这些工具可以帮助你降低处理配置的一些复杂性。

4.6　应用

你可能不是树栖动物，甚至不可能经营微博服务。但是，如果你正在进行机

器学习，那么你可能在某些时候构建特征。

在广告系统中，可以构建若干特征，它们可以捕获用户过去与各种类型产品的交互。如果用户花了整个下午时间查看不同的笔记本电脑，你可能想向他们展示一台笔记本电脑或机箱的广告，但是一件毛衣的广告并没有多大意义。关于用户一直在查看的产品类型的特征将帮助机器学习模型发现这一点并做出正确的推荐。

在政治民意调查组织中，你可以建立与不同选民的人口统计有关的特征，平均收入、教育和房产价值等内容可以编入有关投票区的特征中。然后，这些特征可用于学习关于给定投票区的政党可能投票给谁的模型。

特征的应用就像机器学习技术的应用一样无穷无尽。它们允许你以一种模型学习算法可以使用的方式对关于这个问题的人类智能进行编码。机器学习系统不是变魔术的黑盒系统。系统开发人员是指导它如何解决问题的人，而特征则是指导如何编码该信息的重要部分。

4.7　反应性

本章涵盖了很多内容，但是如果你仍然对学习更多的特征感兴趣，那么肯定还有更多内容需要探索。下面的一些反应可以让你更深入地了解特征世界。

- 实现你自己的两个或多个特征提取器。为此，可能需要选择要使用的某种基本数据集。如果手头没有任何有意义的数据，通常可以使用文本文件，然后从文本中提取特征。Spark 内置了一些基本的文本处理功能，你可能会觉得很有用。或者，组织成表格数据的随机数也可以用于类似这样的活动。如果确实想使用真实数据，那么 https://archive.ics.uci.edu/ml/index.php 上的 UCI 机器学习库是数据集的最佳来源之一。无论使用什么数据，关键是要自己决定对数据集应用哪些有趣的转换。
- 实现特征选择功能。使用你在前面的响应中创建的特征提取器(或其他一些提取器)，规定一些基本原则，以便确定在最终输出中是包含还是排除某一给定的特征。这些标准如下：
    - 非零值的比例。
    - 不同值的数目。
    - 外部定义的业务规则/策略。目的是确保由特征提取功能生成的实例仅包含定义为有效的特征。
- 评估现有特征提取管道的反应性。如果完成了前两个练习，就可以评估自己的实现。或者，可以练习 Spark 等开源项目中的示例。在练习特征提取管道时，请问自己以下问题：
    - 我能找到特征转换函数吗？它是作为纯函数实现的，还是有某种副作用？我可以轻松地在其他特征提取器中重用此转换吗？

- 如何处理错误输入？是否会将错误返回给用户？
- 当管道必须处理一千条记录时，它会如何表现？一百万条呢？十亿条呢？
- 关于特征提取器，我能从持久输出中分辨出什么呢?我能确定提取特征的时间吗?使用哪些特征提取器?
- 如何使用这些特征提取器对未知数据的新实例进行预测？

4.8　本章小结

- 就像小鸡破壳而出、进入真正的鸟类世界一样，特征是我们将智能构建到机器学习系统过程中的切入点。虽然这些特征并没有得到应有的重视，但它们是机器学习系统的重要组成部分。
- 开始编写特征生成功能是很容易的，但这并不意味着特征生成管道的实现不应该像实时预测应用程序那样严格。特征生成管道可以而且应该是非常好的应用程序，符合所有的响应特征。
- 特征提取是对原始数据进行语义上有意义的派生表示的过程。
  - 特征可以通过多种方式进行转换，使其更易于学习。
  - 可以在所有特征中进行选择，从而使模型学习过程更容易、更成功。
  - 特征提取器和转换器应该具有良好的结构，以便进行组合和重用。
  - 特征生成管道应该组装成一系列不可变的转换(纯函数)，这些转换可以轻松地序列化和重用。
  - 依赖于外部资源的特征应该在构建时考虑到回弹性。

我们还远远没有完成特征方面的工作。在第 5 章中，将在模型学习中使用特征。在第 6 章中，将在预测不可见数据时生成特征。此外，在本书的第III部分，将讨论生成和使用特征的更高级内容。

第5章

学习模型

本章包括：
- 实现模型学习算法
- 使用 Spark 的模型学习功能
- 处理第三方代码

让我们在机器学习的各个阶段继续我们的旅程。现在，我们来到模型学习阶段(见图 5.1)。在学习这一部分时，你可以想象一下这样的情景：在你很小的时候，当你仰望乌云密布的天空时，根据你过去的经验可以判断出，一会儿可能会下雨。你学到的模型是乌云导致下雨。尽管你可能记不太清楚，但通过以前是否挨过雨淋的相关经历，做完推理分析，你得出了这个模型。

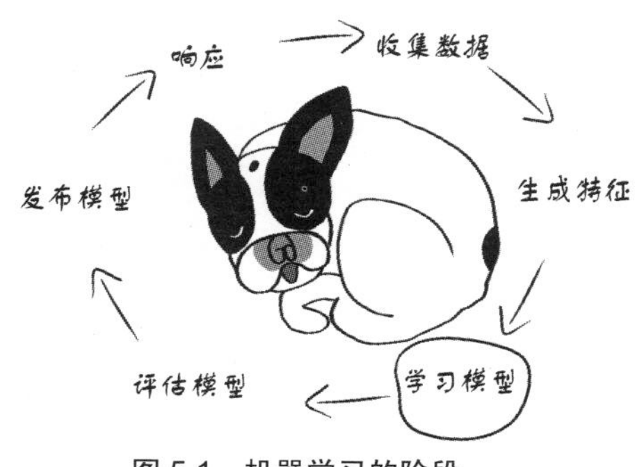

图 5.1　机器学习的阶段

你通过推理过去的经验来开发一个可以应用于未来的模型的过程，类似于我们在机器学习系统的模型学习阶段所做的事情。正如我在第 1 章中定义的那样，机器学习是从数据中学习，这是学习的步骤。我们将在特征上运行一个模型学习算法来生成模型。在机器学习系统的上下文中，模型是一种对从特征到概念的映射进行编码的方法。这是一种在训练实例中泛化所有信息的方法。在软件术语中，模型是用实例实例化的程序，当使用特征调用时，这些实例现在可以返回预测。代码清单 5.1 中的存根实现中显示的就是这个定义。

代码清单 5.1 一个存根模型

```
class Model(features: List[Instance]) {

  def predict(features: Set[Feature]): Label = ???

}
```

使用实例列表(特征和概念标签)实例化模型

在给定新的特征集时预测标签

模型学习算法的实现当然比这个存根实现要复杂得多，但是在一个较高的层次上，这就是我们从软件的角度所做的一切。在实例化新模型的过程背后可能有非常复杂的算法，我将在本章中讨论其中一些算法。但是，模型学习算法如何从数据中进行学习是一个极其庞大的主题，也是其他无数相关书籍关注的焦点。因此，我将尽量介绍足够多的内容，以便你能够理解模型学习算法的功能。

然后我们将要做的是大多数工程师在实现机器学习系统时都要做的事情：调用通用模型学习算法的标准库实现。Spark 在其机器学习库 MLlib 中为学习模型提供了一些有用的功能。我们将以第 4 章中使用的 MLlib 为基础，将我们的管道一直用于学习模型。

MLlib 并不是世界上唯一的机器学习库，因此我们还将花时间探索如何使用 Scala 编写 Spark 管道中不易使用的库。这是数据团队始终面临的一个常见却富有挑战性的问题，我们将探索一些策略来减少此问题给我们带来的烦恼。

能够从数据中学习模型是一种不可思议的能力。这是计算机科学史上最重要的成就之一。这就是为什么在本章中，我们要用它来服务于一个崇高的目标的原因：寻找爱情。

5.1 实现学习算法

Timber 是一款面向熊的移动约会应用程序。正在寻找真爱的单身公熊和母熊会把它们的照片贴在 Timber 上的个人资料里。然后，它们可以看到 Timber 应用程序推荐给它们的其他单身熊的照片。如果一只熊喜欢它看到的照片，它就会单击那只熊的照片。

所有这些浪漫故事背后都是一个复杂的推荐模型，是由 Timber 的数据科学团队建立的。本章的内容随着你构建该模型的过程而展开。该团队的目标是预测哪些熊会彼此喜欢，以便 Timber 应用程序可以向用户推荐。只有当两只熊相互单击时，它们才会相互联系，所以用户不断被介绍给它们想要见到的新的熊，这对应用程序的健康运转至关重要。

当两只熊彼此喜欢并相互单击时，表明它们想要见面，Timber 的数据科学团队将之称为匹配。该团队计划通过模型运行所有可能的活跃用户对，并预测哪些活动用户可能匹配，只有那些预测为匹配(配对)的才会显示给用户。

下面开始构建他们的模型，但团队只有关于他们的用户是谁以及最终匹配哪些用户的历史数据。他们决定把预测哪些熊会匹配的问题作为一个二元分类问题处理。给定的用户对儿是否匹配将被用作类标签。所有关于用户的数据都将用于构建特征。

如第 4 章所述，构建特征可能是一项非常复杂的工作。团队决定从围绕用户的相似性构建特征入手。当一只熊在 Timber 上注册时，他会回答各种各样的问题，然后填写自己的资料。

- 你最喜欢的食物是什么？
- 你喜欢外出，还是喜欢宅在家里？
- 你将来打算要孩子吗？

在他们的特征生成功能的第一个版本中，团队比较了每一对用户的答案，以生成表示他们的答案是否相同的特征。例如，如果两只熊都回答说它们最喜欢的食物是鲑鱼，这将被记录为一个特征值 true。但是如果一只熊喜欢鲑鱼，而另一只熊更喜欢浆果，这将被记录为一个特征值 false。这样将生成如表 5.1 所示的实例，其中 0 表示 false，1 表示 true。

表 5.1　相似性实例

喜欢的食物	外出	孩子	匹配
1	0	0	0
1	1	1	1
0	1	1	1
0	1	0	0
1	1	1	0

使用类似这样的相似性数据，你可以进行各种特别的分析并开发人工规则。但是 Timber 的用户数量很多，而且增长很快。因此，它需要一个自动化的系统来大规模推理这些数据。

5.1.1 贝叶斯建模

在模型学习系统的第一个实现中，团队使用了一种称为朴素贝叶斯(Naive Bayes)的技术。在讨论朴素贝叶斯如何工作以及如何实现之前，需要先讨论一下贝叶斯规则，这是朴素贝叶斯技术的基础。贝叶斯规则是某些统计形式中使用的基本技术。

为了理解贝叶斯规则，让我们进一步简化数据。假设你只知道两只熊是否喜爱相同的食物，以及它们是否匹配。然后你的团队可以讨论，如果两只熊喜欢相同的食物，那么它们将会匹配的概率是多少。

下面的代码清单 5.2 介绍了一些表示法，用于讨论如何在这种情况下使用贝叶斯规则。

代码清单 5.2 贝叶斯规则的表示法

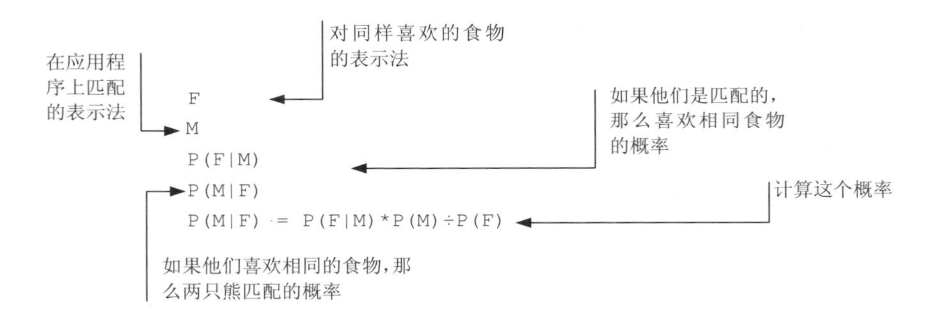

贝叶斯规则指出，这个概率可以如下计算：$P(F \mid M)* P(M) \div P(F)$，即喜欢相同食物的概率(假设它们是匹配的)乘以匹配概率，再除以喜欢相同食物的概率。

使用表 5.1 中的数据，可以计算这些值，参见代码清单 5.3。

代码清单 5.3 贝叶斯规则的应用

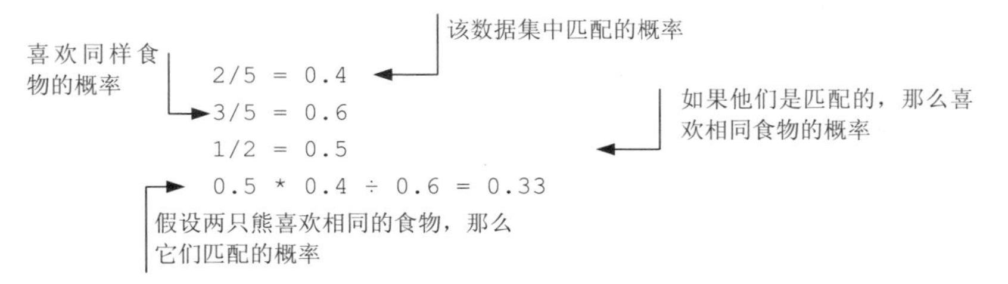

这个计算的结果是，如果两只熊喜欢相同的食物，那么它们匹配的概率是 1/3。

利用朴素贝叶斯技术，贝叶斯规则可以推广应用于许多不同的特征。让我们用 G 来表示两只熊更喜欢外出或宅在家里，用 C 来表示同意生小熊的决定，我们还将特征值的特定组合称为 V。我们旨在提供一种方法来探讨喜欢同样的食物、喜欢出去但不同意生小熊(true, true, false)的概率，这个概率与上述三方面均为真(true, true, true)的概率不同。

有了这个表示法，你现在可以将团队的所有原始特征与贝叶斯规则一起使用，表述为 $P(F|M)*P(G|M)*P(C|M)*P(M) \div P(V)$。通过将所有概率相乘，你可以在给定所有特征值的情况下获得匹配的概率。

独立性

假设你可以将所有这些概率相乘，但从统计的角度看这通常是无效的。这样做相当于假定了每个特征值的概率是彼此独立的——它们永远不会同时变化。这就是为什么这种技术被称为朴素(naive)的原因，因为它没有考虑特征之间相互依赖的可能性。尽管存在这种限制，但朴素贝叶斯已经被经验证明是一种有用的技术。

表 5.2 根据你的数据集显示了所有这些概率。

表 5.2　概率

项	分数	概率
$P(F\|M)$	1/2	0.5
$P(G\|M)$	2/2	1.0
$P(C\|M)$	2/2	1.0
$P(M)$	2/5	0.4

为了能够计算给定特征值组合 $P(V)$的概率，你必须尝试预测某些数据。

假设你正在试图计算一只名为 Ping 的熊猫和一只名为 Greg 的灰熊匹配的概率(参见图 5.2)。它们在食物和将来是否要孩子的问题上意见不一致，但它们都是“宅人熊”，不喜欢外出。数据是否表明它们在 Timber 上可能是匹配的？

在这种情况下，$P(V)$是 0.2、0.1 和 0.2 或 0.5 的总和。现在你可以评估贝叶斯规则了。代入表 5.2 中的值，得到 0.5 * 1.0 * 1.0 * 0.4 /(0.2 + 0.1+ 0.2)= 0.4。贝叶斯规则有理由相信它们会相处得很好，所以这款应用程序可能会根据其他候选人的得分，将它们推荐给对方。

图 5.2 Timber 简约的屏幕

5.1.2 实现朴素贝叶斯

现在你已经了解了朴素贝叶斯的工作原理，下面介绍如何实现它，以便它可以作为 Timber 产品模型学习管道的一部分来运行。首先，需要构建一些训练实例来训练你的模型。你将在第 4 章中所学技术的基础上处理特征并扩展代码。代码清单 5.4 显示了之前用于管理特征和标签的一些类型，以及将它们组合到实例中的方法。

代码清单 5.4 特征、标签和实例

```
trait FeatureType[V] {          ← 第 4 章中的特征类型实现，需要类型和名称
  val name: String
}

trait Feature[V] extends FeatureType[V] {          ← 来自之前的特征实现，需要给定类型的值
  val value: V
}

trait Label[V] extends Feature[V]          ← 来自之前的标签实现，将类标签定义为特殊类型的特征

case class BooleanFeature(name: String, value: Boolean) extends
➥ Feature[Boolean]          ← 定义布尔特征

case class BooleanLabel(name: String, value: Boolean) extends Label[Boolean]          ← 定义布尔标签

case class BooleanInstance(features: Set[BooleanFeature], label: BooleanLabel)          ← 定义布尔实例以包含布尔特征集和布尔标签
```

以上是对第 4 章全部内容的回顾。有了这些类型，你将能够设置你的模型学习算法，以实例的形式推理特征和标签。

现在你可以实现朴素贝叶斯模型。首先，假设你可以使用一些训练实例的列表初始化实现过程。代码清单 5.5 创建了一个简单的训练实例，以便你可以开始使用。你很快就会将其分解为构造函数参数，数据的这个固定版本将允许你开始编写代码来处理实例。

代码清单 5.5　训练实例

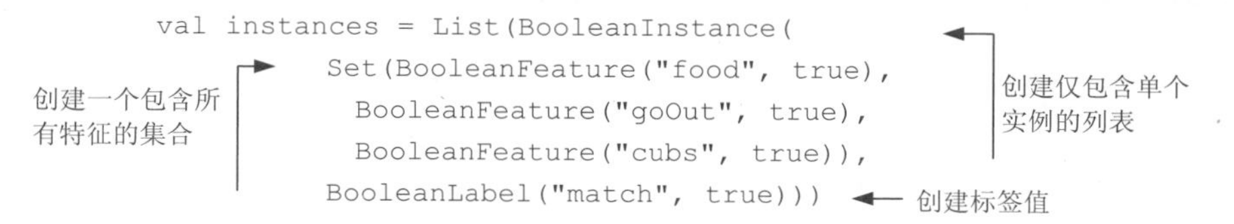
```
val instances = List(BooleanInstance(
      Set(BooleanFeature("food", true),
        BooleanFeature("goOut", true),
        BooleanFeature("cubs", true)),
      BooleanLabel("match", true)))
```


然后，你将对训练集中具有真实标签的实例进行操作，并计算匹配的总概率 $P(M)$，如代码清单 5.6 所示。

代码清单 5.6　正训练实例

```
val trueInstances = instances.filter(i => i.label.value)
val probabilityTrue = trueInstances.size.toDouble / instances.size
```

仅将实例过滤为具有真实标签的实例

计算 $P(M)$，也就是匹配的总概率

你可以为每个给定的特征建立概率，但必须给定匹配(例如 $P(F \mid M)$ ——假设一对情侣是匹配的，他们有共同喜欢的食物的概率)。因为可以拥有任意数量的特征，所以首先构建所有特征的唯一集合，然后为找到的每个特征生成概率，参见代码清单 5.7。

代码清单 5.7　特征概率

```
val featureTypes = instances.flatMap(i => i.features.map(f => f.name)).toSet

val featureProbabilities = featureTypes.toList.map {
  featureType =>
    trueInstances.map { i =>
      i.features.filter { f =>
        f.name equals featureType
      }.count {
        f => f.value
```

在训练集中构建含有所有唯一特征类型的集合

映射所有不同的特征类型

对于每个特征，使用真实标签来映射所有实例

使用过滤器按名称匹配当前的特征

如果为真，则计算特征值

```
        }
    }.sum.toDouble / trueInstances.size
}
```

合计所有正数，除以真实实例的总数

现在已经计算了等式的分子中的所有项，可以计算整个分子了。下面的代码清单 5.8 使用乘法*作为高阶函数，在乘以匹配概率 $P(M)$之前，用以缩减特征概率列表。

代码清单 5.8 分子

```
val numerator = featureProbabilities.reduceLeft(_ * _) * probabilityTrue
```

现在只需要能够计算给定特征向量的概率 $P(V)$。代码清单 5.9 显示了一个简单的函数，可以对任意一组特征执行该计算。

代码清单 5.9 特征向量

```
def probabilityFeatureVector(features: Set[BooleanFeature]) = {
  val matchingInstances = instances.count(i => i.features == features)
  matchingInstances.toDouble / instances.size
}
```

使用匹配的特征值计算实例

将匹配实例的数量除以实例总数，从而得到 $P(V)$的值

现在所有部分都已到位，编写预测功能非常简单。给定一个新的特征向量，计算分母并用分子除以它，参见代码清单 5.10。

代码清单 5.10 预测函数

```
def predict(features: Set[BooleanFeature]) = {
  numerator / probabilityFeatureVector(features)
}
```

通过用预先计算的分子除以给定实例的分母来计算概率

下面将所有这些代码放在一个类中，并在构造时传递实例。代码清单 5.11 显示了之前的所有建模代码，将它们重构为一个类。

代码清单 5.11 朴素贝叶斯模型

```
class NaiveBayesModel(instances: List[BooleanInstance]) {

  val trueInstances = instances.filter(i => i.label.value)
  val probabilityTrue = trueInstances.size.toDouble / instances.size
```

使用训练实例来实例化模型

```
  val featureTypes = instances.flatMap(i => i.features.map(f => f.name)).toSet

  val featureProbabilities = featureTypes.toList.map {
    featureType =>
      trueInstances.map { i =>
        i.features.filter { f =>
          f.name equals featureType
        }.count {
          f => f.value
        }
      }.sum.toDouble / trueInstances.size
  }

  val numerator = featureProbabilities.reduceLeft(_ * _) * probabilityTrue

  def probabilityFeatureVector(features: Set[BooleanFeature]) = {
    val matchingInstances = instances.count(i => i.features == features)
    matchingInstances.toDouble / instances.size
  }

  def predict(features: Set[BooleanFeature]) = {
    numerator / probabilityFeatureVector(features)
  }
}
```

当新的特征向量进入预测时，该实现不需要做太多工作。作为类的实例化的一部分，模型被有效地训练，并且模型参数(各种概率)现在保持在给定模型实例的内部状态中。

可以通过编写简单的测试来试用代码，参见代码清单 5.12。

代码清单 5.12　测试朴素贝叶斯模型

```
test("It can learn a model and predict") {        ← 建立模型学习和预测的测试
  val trainingInstances = List(                   ← 创建一些训练实例以学习模型
    BooleanInstance(
      Set(BooleanFeature("food", true),
        BooleanFeature("goOut", true),
        BooleanFeature("cubs", true)),
      BooleanLabel("match", true)),
    BooleanInstance(
      Set(BooleanFeature("food", true),
        BooleanFeature("goOut", true),
        BooleanFeature("cubs", false)),
      BooleanLabel("match", false)),
    BooleanInstance(
```

```
      Set(BooleanFeature("food", true),
        BooleanFeature("goOut", true),
        BooleanFeature("cubs", false)),
      BooleanLabel("match", false)))

    val testFeatureVector = Set(BooleanFeature("food", true),   ← 创建测试特征向量以进行预测
      BooleanFeature("goOut", true),
      BooleanFeature("cubs", false))

    val model = new NaiveBayesModel(trainingInstances)   ← 实例化一个类，从而训练模型

    val prediction = model.predict(testFeatureVector)   ← 在测试特征向量上进行预测

    assert(prediction == 0.5)   ← 断言结果为 0.5
}
```

这个实现很好地展现了你之前手工完成的数学过程。Timber 的数据科学团队花了不少时间才解决这个问题。虽然它确实可以预测匹配，但这种实现并不完美。它只能处理布尔特征值和布尔标签，而不处理诸如目前在试图预测的训练实例中找不到准确的特征向量这样的事情。

这种数据分析方法有可取之处。通过将朴素贝叶斯的数学运算实现为可运行的代码，就能够在更多的训练实例上运行它，其中可以包含服务器可处理的尽可能多的特征。当然，与任何特别的手工分析方法相比，这种实现方法是一致的。这种实现的另一个不错的特性是可以验证：可以编写更多测试来证明这种实现是正确的。

使用机器学习来构建推荐模型有很多好处，我希望你能够认同这一点。你当然可以更进一步。朴素贝叶斯只是一种算法，没有理由认为它是解决这个问题的最佳算法。如果你想探索更多的学习算法(我希望你这样做)，那么你不必自己全部实现它们。没有必要从头开始构建所有的东西。像 Spark 和 MLlib 这样的工具有很多功能，可以用来探索模型学习算法。

5.2 使用 MLlib

在第 2 章和第 4 章中，你从机器学习库 MLlib 中体验了 Spark 的机器学习功能。它具有非常多的机器学习功能，可以帮助你探索各种建模技术。例如，MLlib 已经拥有一种非常有能力且复杂的朴素贝叶斯实现。也许最重要的是，你可以使用 Spark 的弹性功能在任意大小的数据集上训练朴素贝叶斯的 MLlib 实现。5.1 节中相对简单的实现仅限于在单个服务器上运行的单个 Java 进程。

能将传统的模型学习实现移植到 Spark 实现，通常令工程师非常兴奋。代码

变得更简单，工作也变得更具有可扩展性，并且更易于利用其他大数据工具。数据科学家也可以从这种移植中获益，当产品级的机器学习系统使用 MLlib 功能时，数据科学家可以尝试 MLlib 的各种算法。当建模方法运行良好时，可以很容易地将其合并到产品数据管道中。

5.2.1　构建 ML 管道

让我们再回到这个问题上来，为寻求爱情的熊建立一个更好的推荐模型。Timber 团队开始构建他们的模型学习功能的第二个版本。此管道使用上游特征生成管道来产生特征和标签。用于训练和测试模型的实例以 LIBSVM 格式保存在平面文件中。Timber 团队希望将来把这些数据放入数据库中，但是在开发的早期阶段，LIBSVM 格式的文件可以正常工作。代码清单 5.13 显示了这类数据的一些样本。

代码清单 5.13　LIBSVM 格式的实例

```
1 1:3 2:4 3:2
0 1:2 2:4 3:1
0 1:1 2:2 3:2
```

如第 1 章所述，实例将标签值记录在第一个位置，后面是若干数对：特征标识符和特征值。代码清单 5.13 中的第一行数据是一个真实实例，第一个特征的值为 3，第二个特征的值为 4，第三个特征的值为 2。像 LIBSVM 这样的特征存储格式又称为稀疏格式，如果它们的值为 0 或未知数，则有意义的特征可能是缺失的。稀疏格式是密集格式的替代方案，其中所有特征必须存在，而无论值如何。稀疏格式本质上更灵活，因此 Timber 团队决定使用 LIBSVM 格式。他们希望，当他们最终调整数据架构以将这些数据保存在文档数据库中时，将更容易使用它们的特征稀疏格式。一旦为作业建立了标准配置，就可以轻松地将以这种方式格式化的数据加载到新的 Spark 管道中，参见代码清单 5.14。

代码清单 5.14　加载 LIBSVM 实例

```
val session = SparkSession.builder.appName("TimberPipeline").getOrCreate()    // 为作业创建新的 Spark 会话

val instances = sqlContext.read.format("libsvm").load("/match_data.libsvm")    // 将实例数据加载到 DataFrame 中
```

由于加载 LIBSVM 数据的功能可以理解格式的结构，因此将自动创建名为 features 和 label 的列。加载数据后，你可以直接使用 DataFrame，具体取决于你希望如何学习模型。在这种情况下，让我们充分利用 Spark ML 包的功能来执行一些预处理。你可以使用两个索引器来处理实例的 DataFrame 中的特征和标签。这些索引器将分析它们看到的特征和标签的不同值，并将元数据放回 DataFrame 中。在此例中，你拥有所有分类特征，因此索引器将检测数据并将它们记录在 DataFrame 的元数据中，参见代码清单 5.15。这些类别值以及标签值将被映射到值的内部表示，这可以改进模型学习过程。这些值及相关元数据稍后将会被模型学习算法使用。

代码清单 5.15　检测特征值和标签值

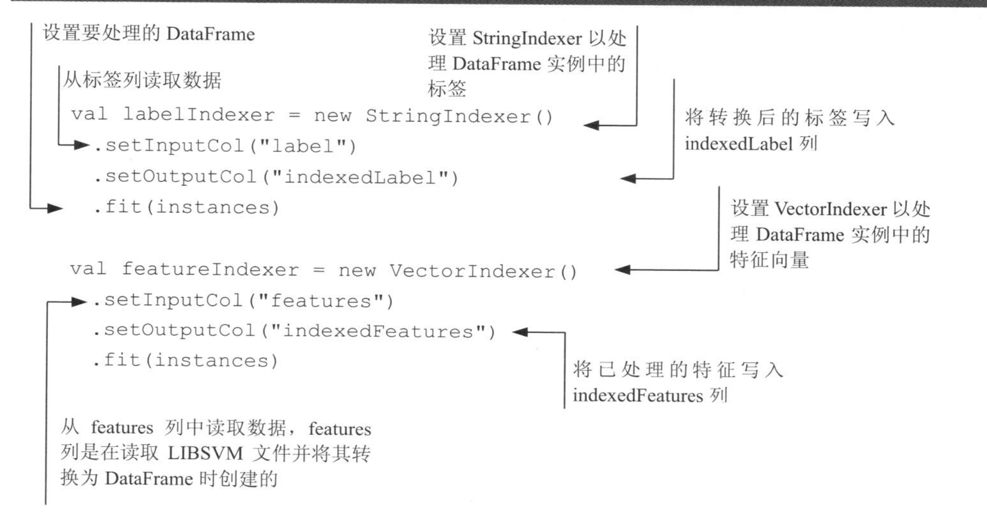


```
val labelIndexer = new StringIndexer()
  .setInputCol("label")
  .setOutputCol("indexedLabel")
  .fit(instances)

val featureIndexer = new VectorIndexer()
  .setInputCol("features")
  .setOutputCol("indexedFeatures")
  .fit(instances)
```

值得注意的是，目前尚未处理任何内容，其中的每一部分都是一个 PipelineStage，你将在以后进行编写，然后执行。这更像 Spark 的延迟构图风格。

接下来，你需要将数据拆分为训练集和测试集，如代码清单 5.16 所示。使用测试集，你将对模型之前未曾见过的数据执行预测。第 6 章将更详细地讨论测试模型的主题。现在，只需要随意留出 20%的数据供以后使用。

代码清单 5.16　将实例拆分为训练集和测试集

```
val Array(trainingData, testingData) = instances.randomSplit(Array(0.8, 0.2))
```

拆分数据：80%用于训练，20%用于测试

现在你可以最终设置模型学习算法。Timber 团队决定从决策树模型入手，参见代码清单 5.17。决策树是一种将分类决策划分为关于每个特征的一系列决策的技术。决策树可以很好地处理你正在使用的分类特征，因此 Timber 团队乐观地认为决策树可能是一个很好的切入点。

代码清单 5.17 决策树模型

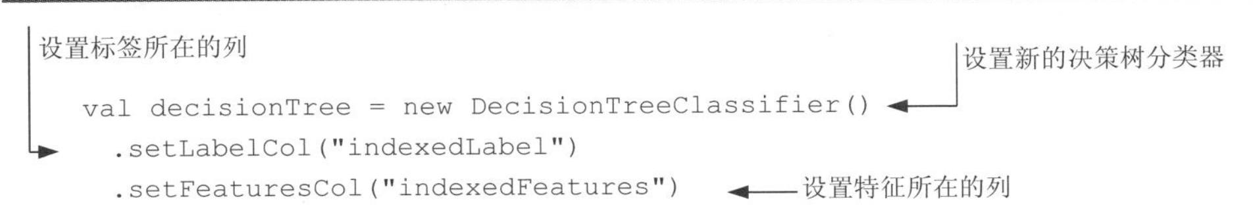

此处学不到什么知识，这仅仅是另一个 PipelineStage。

在将这个管道组合在一起并执行之前，你需要进入最后一个阶段，以便将标签的内部表示转换为原始表示形式。代码清单 5.16 中使用的索引器能为你提供的特征和标签提供新的标识符。但是这些信息不会丢失，因此你可以将模型所做的所有预测转换回原始表示形式，其中 1 对应于一个匹配。在这个阶段，你将这些内部标签表示转换回原始标签，如下面的代码清单 5.18 所示。

代码清单 5.18 转换标签

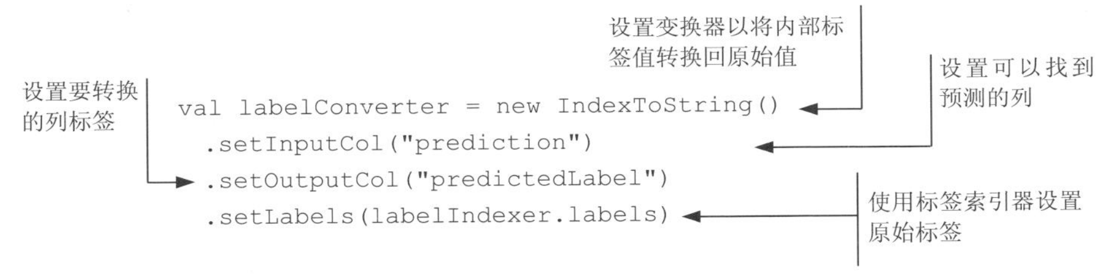

现在可以使用 Spark ML 的 Pipeline 构造来组合管道。代码清单 5.19 将使用你定义的四个 PipelineStage 并将它们组合成一个可运行的单元。

代码清单 5.19 组合管道

这种把即将运行的管道的所有阶段集成在一起的声明性方法，使创建可重用管道阶段和使用这些阶段构建管道的变体版本变得非常容易。通过这个组合的管道，你现在可以通过处理特征和学习模型来执行管道，参见代码清单 5.20。

代码清单 5.20 学习模型

```
val model = pipeline.fit(trainingData)    执行管道并学习模型
```

在执行所有这些结构化和组合之后，这种 fit 调用就是运行整个模型并最终学习模型的过程。现在你有了一个模型，让我们证明它可以做一些有用的事情。通常，在管道中，人们试图通过未见过的数据来评估模型。与训练模型相比，这个阶段又称为测试模型。这个过程将在第 6 章详加讨论，现在让我们看看你的模型通过预测一些测试数据可以做些什么，参见代码清单 5.21。

代码清单 5.21 预测

```
val predictions = model.transform(testingData)          ← 使用模型预测测试数据

predictions.select("predictedLabel", "label", "features").show(1)   ← 打印其中一个预测、真实标签以及使用的特征
```

这表明你的模型已经构建好了，现在可以预测未见过的数据了。现在你可能对这个模型究竟是什么样的感到好奇，并非所有模型学习算法都能生成易于人类推理的模型。但是，你使用的决策树则可以让你看到模型将要做出的决策的内部结构，并且能使你理解这个结构，参见代码清单 5.22。

代码清单 5.22 检查模型(一)

```
val decisionTreeModel = model.stages(2)          ← 从执行的管道那里获取决策树模型
  .asInstanceOf[DecisionTreeClassificationModel]  ← 强制转换为DecisionTreeClassificationModel的实例

println(decisionTreeModel.toDebugString)          ← 打印生成的模型
```

打印模型应该产生类似代码清单 5.23 中显示的模型。

代码清单 5.23 检查模型(二)

```
DecisionTreeClassificationModel (uid=dtc_f0924358349f) of depth 1 with 3 nodes   ← 描述模型的类型和结构
If (feature 0 in {0.0,1.0})          ← 解释在预测新的数据时决策树模型将做出的决定
  Predict: 0.0
Else (feature 0 not in {0.0,1.0})
  Predict: 1.0
```

这是一个简单的模型，没有使用大量数据，并且没有定义太多特征。但是你刚刚编写的所有代码都可以用于扩展到更复杂的模型，这些模型是在更多的特征上学习得到的。你将在 5.1.4 节中看到这些内容。由于构建在 Spark 提供的所有强大架构之上，这个管道不仅是一种灵活的实现，可以支持建模方法中的简单更改，而且具有很强的反应性。你可以使用与任何其他 Spark 应用程序相同的方式，轻松快速地将管道部署到生产中。

5.2.2　演化建模技术

这种设计的另一个让团队为之振奋的方面是，能够快速而容易地将他们的方法演化到某个给定的建模问题。在完成第一个决策树模型学习管道之后，团队决定尝试相关但更复杂的技术：随机森林。这种技术仍然使用决策树，但它结合使用了许多决策树。将多个模型相互结合使用(称为集成)是所有机器学习中最强大的技术之一。集成建模技术不是试图使用一组模型学习参数在单个数据集上学习单个模型，而是通过创建不同的模型(可能具有不同的组合优势)来提高性能。你可以假设不同的模型可能适用于概念的不同方面。尽管这种技术更加复杂，并且算法的实现也很复杂，但使用它并不比以前的基本决策树模型更难。代码几乎与你之前编写的相同。

如果执行代码清单 5.24 中的代码，你应该会看到比你在简单决策树模型中所见到的更大的模型，参见代码清单 5.25。

代码清单 5.24　学习随机森林模型

```
val randomForest = new RandomForestClassifier()      ← 建立随机森林分类器
  .setLabelCol("indexedLabel")
  .setFeaturesCol("indexedFeatures")     ← 使用随机森林分类器创建略有不同的管道

val revisedPipeline = new Pipeline()
  .setStages(Array(labelIndexer, featureIndexer, randomForest,
➥ labelConverter))

val revisedModel = revisedPipeline.fit(trainingData)  ← 执行管道

val randomForestModel = revisedModel.stages(2)      ← 从管道中提取学习到的模型进行检验
  .asInstanceOf[RandomForestClassificationModel]

println(randomForestModel.toDebugString)     ← 打印学习模型的表示形式
```

代码清单 5.25　随机森林模型

```
                                                     描述模型的类型和结构
RandomForestClassificationModel (uid=rfc_fbfe64b4a427) with 20 trees  ←
  Tree 0 (weight 1.0):        ← 解释较大的随机森林模型中的各种决策树模型
    If (feature 1 in {0.0})
      Predict: 0.0
    Else (feature 1 not in {0.0})   给定森林中的决策树，与其他树的权重相等
      Predict: 1.0
  Tree 1 (weight 1.0):        ←
    If (feature 0 in {0.0})   ← 给定决策树的第一个分支，测试特征是否为 0
```

```
    Predict: 0.0        ← 预测 0 或 false
   Else (feature 0 not in {0.0})    ← 当特征为 1 时，决策树的第二个分支
    Predict: 1.0        ← 预测 1 或 true
  Tree 2 (weight 1.0):
   If (feature 0 in {1.0})
    Predict: 0.0
   Else (feature 0 not in {1.0})
    Predict: 1.0
  Tree 3 (weight 1.0):
   If (feature 0 in {0.0,1.0})
    Predict: 0.0
   Else (feature 0 not in {0.0,1.0})
    Predict: 1.0
  Tree 4 (weight 1.0):
   Predict: 1.0
  Tree 5 (weight 1.0):
   If (feature 1 in {0.0})
    Predict: 0.0
   Else (feature 1 not in {0.0})
    If (feature 0 in {1.0})
     Predict: 0.0
   Else (feature 0 not in {1.0})
    Predict: 1.0
  Tree 6 (weight 1.0):
   If (feature 2 in {0.0})
    Predict: 0.0
   Else (feature 2 not in {0.0})
    Predict: 1.0
  Tree 7 (weight 1.0):
   Predict: 1.0
  Tree 8 (weight 1.0):
   Predict: 0.0
  Tree 9 (weight 1.0):
   If (feature 0 in {1.0})
    Predict: 0.0
   Else (feature 0 not in {1.0})
    Predict: 1.0
  Tree 10 (weight 1.0):
   If (feature 0 in {0.0,1.0})
    Predict: 0.0
   Else (feature 0 not in {0.0,1.0})
    Predict: 1.0
  Tree 11 (weight 1.0):
   If (feature 1 in {0.0})
    Predict: 0.0
   Else (feature 1 not in {0.0})
    Predict: 1.0
```

```
Tree 12 (weight 1.0):
  If (feature 0 in {0.0,1.0})
    Predict: 0.0
  Else (feature 0 not in {0.0,1.0})
    Predict: 1.0
Tree 13 (weight 1.0):
  Predict: 1.0
Tree 14 (weight 1.0):
  Predict: 0.0
Tree 15 (weight 1.0):
  Predict: 0.0
Tree 16 (weight 1.0):
  If (feature 0 in {0.0})
    Predict: 0.0
  Else (feature 0 not in {0.0})
    Predict: 1.0
Tree 17 (weight 1.0):
  Predict: 0.0
Tree 18 (weight 1.0):
  Predict: 0.0
Tree 19 (weight 1.0):
  If (feature 2 in {0.0})
    Predict: 0.0
  Else (feature 2 not in {0.0})
    If (feature 1 in {0.0})
      Predict: 0.0
    Else (feature 1 not in {0.0})
      Predict: 1.0
```

上述代码中的微小改动就会使建模更加复杂!

对于一家快速发展的约会应用程序初创公司，这是一种令人敬畏的力量。你可以轻松地尝试各种建模策略，而不必自己实现所有这些策略，并且当你发现一些有用的策略时，可以在整个数据集中快速部署它们。这应该会增加更多快乐的熊伴侣!

5.3　构建外观模式

在模型学习管道中进行所有这些改进之后，团队开始寻找更重要的技术挑战。他们认为自己有能力使用深度学习等尖端技术。深度学习是最近机器学习领域里发展起来的一种技术，建立在早期的神经网络工作之上，是一种用于构建模仿动物大脑结构的学习算法的技术。

尽管 MLlib 支持某些形式的神经网络，但它并没有提供很多你想要开箱即用的深度学习功能，所以你需要弄清楚如何使它可以正常工作。有些尝试可以使Spark上的深度学习成为可能，但是团队希望能够利用最新的进展。目前深度学习研究的方式是使用通过Python访问的技术，因此，理想情况下，你应该找到一种方法与现有的Scala应用程序配合使用这些技术。当然，让Scala代码驱动前沿的Python研究代码可能很棘手，但是你可以使用一种称为外观(facade)的模式来实现。

外观模式(也称为封装器、适配器或连接器)是用于集成第三方库的相对完善的技术。其基本思想是在应用程序中编写一些新代码，其唯一的职责是充当应用程序和第三方库的中介，负责协调底层库的API与应用程序的预期功能(参见图5.3)。

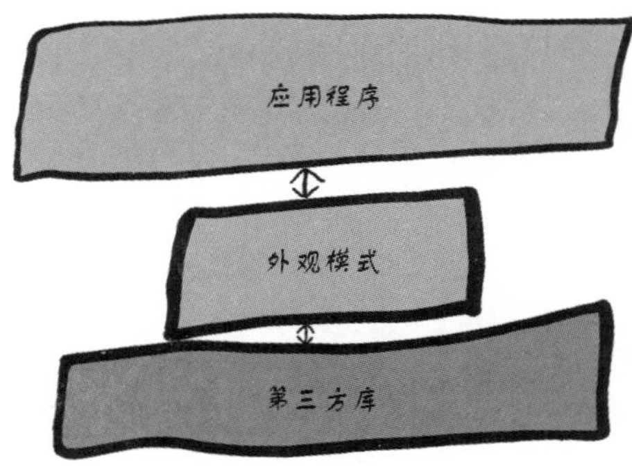

图 5.3　外观模式

学习艺术风格

你是第一次涉足深度学习的世界，你将把用户照片转换为著名画作的风格。这个想法是为了帮助熊不要“以貌取人”，转而更多地关注蕴含的内在美。要执行这些图像转换，你将使用一种令人兴奋的新算法，称为艺术风格的神经算法，或简称style-net。style-net技术的作用是将给定图像的艺术风格转换为另一图像的内容。

style-net算法的开源实现依赖于各种深度学习框架。团队选择使用依赖于TensorFlow框架的实现。TensorFlow是强大的机器学习框架，为深度学习提供了极好的支持。它最初是由谷歌开发的，作为机器学习尤其是深度学习研究的一部分。

要安装TensorFlow，请按照www.tensorflow.org上的最新说明进行操作。一旦安装了TensorFlow，你就会想要克隆我提供的style-net算法的实现(https://github.com/jeffreyksmithjr/neural-art-tf)。它是一种名为neural-art-tf (https://github.com/woodrush/neural-art-tf)的实现的改编版，其中有一些重要的变化。如果你想克隆这两个存储库以进行比较，那你可以这样做。

要开始学习新模型，首先需要下载现有模型。你将使用现有模型作为输入的一部分来学习给定样式图像的新模型：本例中是一幅名画。你将使用的方法依赖于牛津大学视觉几何组(Visual Geometry Group，VGG)的预训练模型。你可以从http://mng.bz/iYlL下载此模型。你需要.caffemodel文件、模型本身和.prototxt文件

(该文件描述了模型的结构)。该模型是一种最初用于图像识别的大型深度模型，采用的是 Caffe 格式。Caffe 是另一个深度学习框架，具有与 TensorFlow 不同的优缺点。要使此模型可用于 TensorFlow 实现，你需要在 neural-art-tf 项目中使用简单的转换实用程序，参见代码清单 5.26。

代码清单 5.26　为 TensorFlow 转换 Caffe 模型

```
> python ./kaffe/kaffe.py [path.prototxt] [path.caffemodel] vgg
```

转换模型并保存到名为 vgg 的文件中

一旦转换了模型文件，你就可以使用最初的 neuro-art-tf 实现，开始学习将给定绘画的艺术风格模型应用于熊的图片。它最初的用途是作为命令行实用程序调用，并为模型的路径、文件和迭代次数等提供各种参数。与其从命令行获取这些参数，不如首先将它们移动到方法中作为参数，参见代码清单 5.27。

代码清单 5.27　方法参数

```
def produce_art(content_image_path, style_image_path, model_path,
  ➥ model_type, width, alpha, beta, num_iters):
```

然后，你需要找到一种方法，使你的 Scala 代码可以使用此方法。让我们尝试将这个简单的脚本转换为可以由主管道调用的服务。为此，你将使用名为 Pyro 的 Python 库。像大多数 Python 库一样，使用 pip 安装 Pyro 非常简单，参见代码清单 5.28。

代码清单 5.28　安装 Pyro

```
> pip install Pyro4
```

使用 Pyro，你可以在 neural-art-tf 的脚本中使用 Python 功能，并使客户端可以通过网络访问它，参见代码清单 5.29。

代码清单 5.29　设置

```
class NeuralServer(object):
  def generate(self, content_image_path, style_image_path, model_path,
 ➥ model_type, width, alpha, beta, num_iters):
      produce_art(content_image_path, style_image_path, model_path,
      ➥ model_type, width, alpha, beta, num_iters)
      return True
```

创建一个表示服务器的类

定义向客户端公开的方法

将参数传递给底层的 produce_art 方法

作业完成后，返回 True 状态

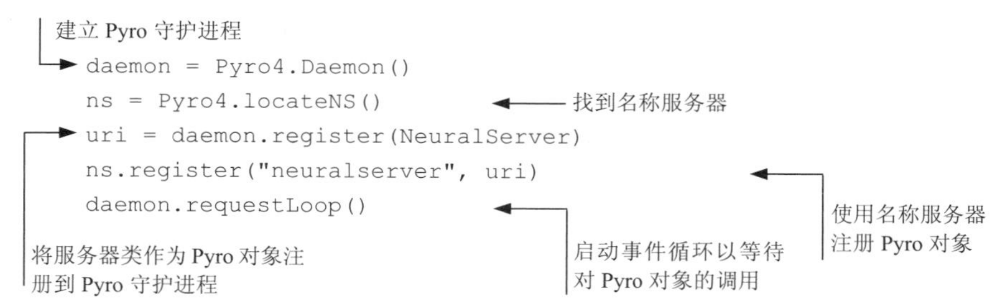

代码清单 5.29 的所有内容使得 Pyro 的其他用户可以轻松找到并使用通过运行模型学习作业的方法。该脚本将作为守护进程运行，这是一个在后台运行的小型实用程序，等待为请求提供服务。你已将其命名为 neuralserver 并尝试将其注册到名称服务器。当按名称请求 Pyro 对象时，名称服务器将负责路由对 Pyro 对象的请求。要使所有这些任务都能执行，你需要启动一个 Pyro 名称服务器，然后启动修改后的服务器脚本，参见代码清单 5.30。

代码清单 5.30 启动名称服务器

```
> pyro4-ns                       ◀── 启动一个名称服务器
> python neural-art-tf.py        ◀── 启动一个运行作业的服务器
```

现在让我们弄清楚如何将请求从 Scala 客户端应用程序发送到 Python 服务器应用程序。Pyro 的一个很好的功能就是提供了与其他运行时一起使用的客户端库。你可以在 Scala 代码中使用 Java Pyrolite 客户端库(https://pythonhosted.org/Pyro4/pyrolite. html)。这将允许你围绕 Python 代码和长时间运行的作业中固有的问题构建外观，使用你在本书其他地方用过的所有相同的反应性技术。要构建更具反应性的外观，你可以做的第一件事就是确保传递参数的类型更加安全。例如，neural-art-tf 的命令行版本使用一堆强类型参数来处理诸如所使用的模型类型之类的事物。与大量可能的字符串相比，有效模型类型的数量很少。在 Scala 中，你可以捕获那些只能将一组已知值作为枚举的参数，参见代码清单 5.31。

代码清单 5.31 模型类型的枚举

```
object ModelType extends Enumeration {     ◀── 创建名为 ModelType 的枚举
  type ModelType = Value                   ◀── 定义类型系统中使用的 ModelType 值
  val VGG = Value("VGG")                   ◀── 将 VGG 定义为一种有效的模型类型
  val I2V = Value("I2V")                   ◀── 将 I2V(对于 Image2Vector)定义为另一种类型的模型
}
```

然后，你可以使用类型安全性来创建更好的定义，以确定哪些内容将构成作业的有效配置。让我们使用一个 case 类来封装什么是有效的作业配置。此外，在下面的代码清单 5.32 中，让我们设置一些默认值，这样就不必在每次运行作业时都传递有关作业设置的所有知识。

代码清单 5.32　作业配置 case 类

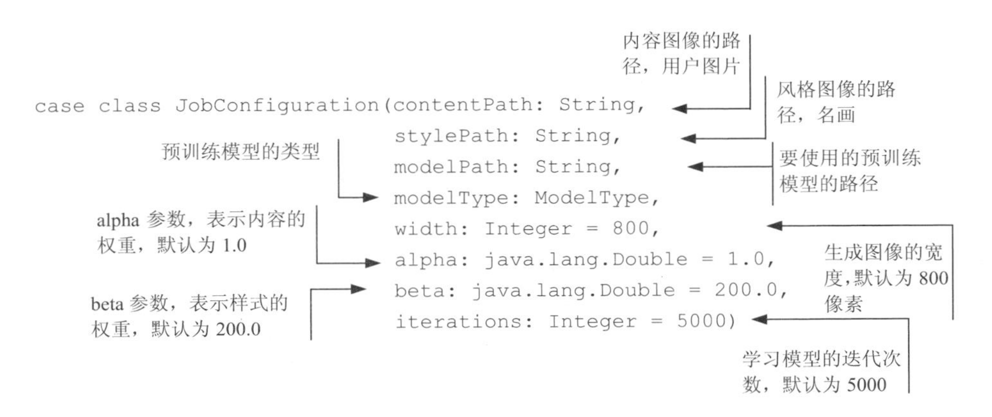


```
case class JobConfiguration(contentPath: String,
                            stylePath: String,
                            modelPath: String,
                            modelType: ModelType,
                            width: Integer = 800,
                            alpha: java.lang.Double = 1.0,
                            beta: java.lang.Double = 200.0,
                            iterations: Integer = 5000)
```

请注意，由于 Pyrolite 客户端库是 Java 库，因此你的 case 类需要使用 Java 类型来实现双精度和整数。但除了在 case-class 类型签名中指定之外，无须做任何其他事情; Scala 将自动执行从 Scala 类型到底层 Java 类型的转换。使用配置 case 类可以更轻松地确保配置有效。使用有效的配置(例如代码清单 5.33 中的配置)，可以更自信地提交作业，这些参数足以支持 Python 服务器应用程序。

代码清单 5.33　作业配置

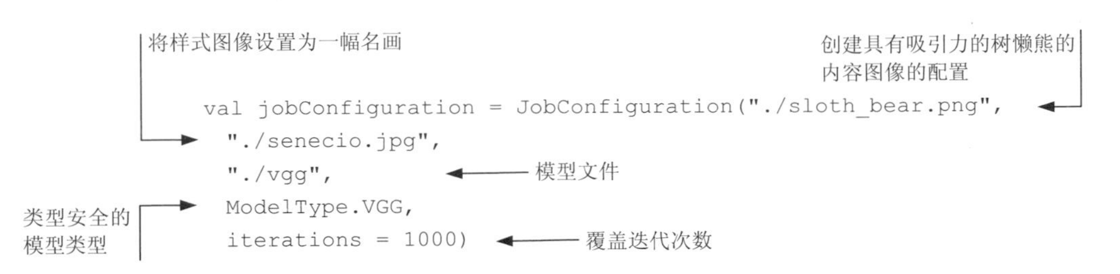


```
val jobConfiguration = JobConfiguration("./sloth_bear.png",
  "./senecio.jpg",
  "./vgg",
  ModelType.VGG,
  iterations = 1000)
```

然后定位到名称服务器并连接到作业服务器的 Pyro 对象，参见代码清单 5.34。在这个例子中，只是通过 Pyro 的网络功能提供了一种在 Python 程序和 Scala 程序之间进行通信的方式，所以不需要处理任何网络复杂性问题，尽管这个过程类似于分布式实现。

代码清单 5.34 连接服务器

```
val ns = NameServerProxy.locateNS(null)
val remoteServer = new PyroProxy(ns.lookup("neuralserver"))
```

在同一台机器上查找名称服务器，并传入 null 主机

通过名称 neuralserver 查找 Pyro 对象

现在，可以发送配置以进行处理，但让我们首先想一想这意味着什么。该请求是一个单独的运行进程，它可能很容易成为另一台机器上单独的进程。这项工作可能需要很长时间才能完成。众所周知，深度学习技术需要非常强大的硬件并且需要很长时间才能执行完毕。如果你确实希望应用程序具有反应性，你应该实现某种超时。超时的持续时间应基于对模型学习算法的正常运行时的预期。在代码清单 5.35 中，我们任意选择了一小时的超时。设置超时后，可以检测模型学习过程是否花费了太长时间，是否应该视为失败。

代码清单 5.35 使用超时

```
val timeoutDuration = 60 * 60 * 1000

def timedOut = Future {
  Thread.sleep(timeoutDuration)
  false
}

def callServer(remoteServer: PyroProxy, jobConfiguration:
➥ JobConfiguration) = {
  Future.firstCompletedOf(
    List(
      timedOut,
      Future {
        remoteServer.call("generate",
          jobConfiguration.contentPath,
          jobConfiguration.stylePath,
          jobConfiguration.modelPath,
          jobConfiguration.modelType.toString,
          jobConfiguration.width,
          jobConfiguration.alpha,
          jobConfiguration.beta,
          jobConfiguration.iterations).asInstanceOf[Boolean]
      }))
}
```

设置 1 小时的超时（以毫秒为单位）

创建一个函数来封装对 Python 服务器应用程序的调用

创建超时 future

返回 false 以指示无法及时完成

将超时设置为两个任务中第一个完成的 future

超时 future

设置一个 future 来调用 Pyro 对象上的方法

将结果转换为布尔值

因为是在这个调用的另一端处理 Python 程序，所以不会得到关于它将要发回什么内容的任何形式的保证，你需要将返回值转换为布尔值。因为模型学习过程将在一个完全独立的过程中发生，所以这个 Scala 程序能获知的只是该 Python 程序是否发回一个真值来表明它已经成功。假设知识是有限的，这种超时机制会防止 Scala 应用程序在模型学习过程出现问题时永远等待。

最后，你可以调用下面这个函数：

```
val result = callServer(remoteServer, jobConfiguration)
```

使用示例配置调用 callServer 函数

结果是布尔型的 future，因此可以将 future 的值与完成后的其他反应式 Scala 应用程序集成。有关 Python 实现如何工作的所有细节都被抽象为一个小接口。Scala 管道代码了解什么是有效的作业配置以及它们应该花多长时间。如果在 style-net 算法的 TensorFlow 实现的执行过程中发生任何错误，Scala 应用程序将使用超时来检测它们并做出相应的响应。模型学习过程中的这些错误将全部包含在一个完全独立的过程中。Python 应用程序中的所有错误都无法传给外观或其任何使用者。

5.4　反应性

- 实现模型学习算法。机器学习教科书通常具有你可以使用的各种学习算法的详细描述，无论是伪代码还是其他语言。例如，许多基于决策树的算法可以非常简单地实现。一旦进行一次基本的实现，就可以开始考虑实现是否具有反应性。你的学习算法是否会在给定时间内完成？如果答案是否定的，你该如何改变它？
- 深入理解创建外观。你在本章中为机器学习算法构建了一个简单的外观，特别是你使用了 Scala 代码库中的 Python 模型学习算法。这是一个很常见的现实场景。你使用 Python 进行了很多关于机器学习技术的开发。可用于构建机器学习模型的最强大技术之一是来自谷歌的 TensorFlow。虽然大部分是用 C++编写的，但主要用户 API 是用 Python 编写的。

因为 TensorFlow 非常流行，所以很多人都试图用不同的方式从 Scala 中调用它。检查一下允许从 Scala 访问 TensorFlow 的几个库，其中的一些库可能专注于 Spark。雅虎的 TensorFlowOnSpark、Databricks 的 TensorFrames 和 MLeap 都是非常显著的例子。当你研究这些实现时，问问你自己是什么保证了模型学习实现的行为。你能够很自信地说出用一种工具编写的模型学习管道行为，但如果使用多语言运行时，它又是如何改变你的这种信心呢？你能编写一个测试来证明库对错误或高负载的响应吗？

如果你有兴趣了解有关 TensorFlow 的更多信息，请查看 Nishant Shukla 撰写的 *Learning With TensorFlow*(Manning，2018)，以深入了解该技术(www.manning.com/books/machine- learning-with-tensorflow))。

5.5 本章小结

- 模型是可以预测未来的程序。
- 模型学习包括处理特征和返回模型。
- 模型学习必须在预期失败模式(例如，超时)的情况下进行。
- 使用了外观模式的容器是集成第三方代码的关键技术。
- 封装在外观中的容器代码可以使用标准的反应式编程技术与数据管道的其余部分集成在一起。

在下一章中，我们将使用你学到的模型并分析它们的性能，以便你决定是否使用它们。

第6章

评估模型

本章包括：

- 计算模型度量
- 训练与测试数据
- 将模型度量记录为消息

我们对机器学习系统阶段的探索已经完成了一半(参见图 6.1)。在本章中，我们将考虑如何评估模型。在机器学习系统的上下文中，评估模型意味着在将其用于预测之前考虑其性能。在本章中，我们会问很多关于模型的问题。

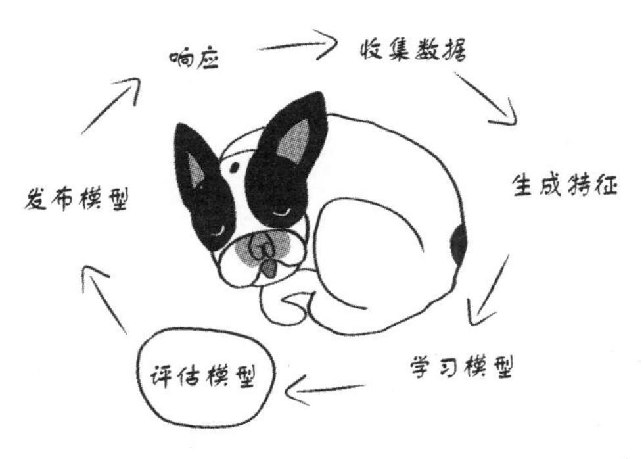

图 6.1　机器学习的阶段

评估模型的大部分工作可能听起来不那么必要。如果急于建立原型系统，你可能会尝试使用一些非常粗糙的东西。但在使用输出之前，了解机器学习系统中上游组件的输出是非常有价值的。机器学习系统中的数据本质上普遍存在不确定性。

当考虑是否要使用模型进行预测时，你将面临这种不确定性。从任何地方都无法找到答案。你现在需要实现若干系统组件，以便它们能够做出正确的决策或承担相应的后果。

使用机器学习得到的模型可能会有很高的风险。机器学习系统用于处理真正重要的决策，这里出现的故障可能意味着用户真正的损失。我们将要考虑的正是一个这样的问题，它的成功与否会导致非常具体的财务后果。

6.1 检测欺诈

袋鼠资本(Kangaroo Kapital)是澳大利亚最大的信用卡公司。整个非洲大陆的动物都使用袋鼠资本信用卡进行所有日常购物，并在公司的奖励系统中获得积分。因为澳大利亚的动物传统上不怎么穿衣服，所以携带现金的难度很大。对于普通的小袋鼠职员来说，只需要管理一张信用卡就可以了。即便如此，澳大利亚的动物仍然连一张信用卡都管理不好。信用卡经常被乱放，从而导致信用卡被盗和盗刷的问题。

袋鼠资本公司的反欺诈团队负责检测这些欺诈案件。他们使用复杂的分析技术来确定客户的信用卡被盗的时间。如果他们有足够的信心确定某张信用卡已经被盗，他们会锁定卡片并联系客户。能够快速和正确地检测将带来巨大的好处。最好的情况是，在第一次信用卡被滥用时，反欺诈团队的系统便检测到欺诈，然后立即将卡锁定，以避免再次遭受损失(参见图 6.2)。

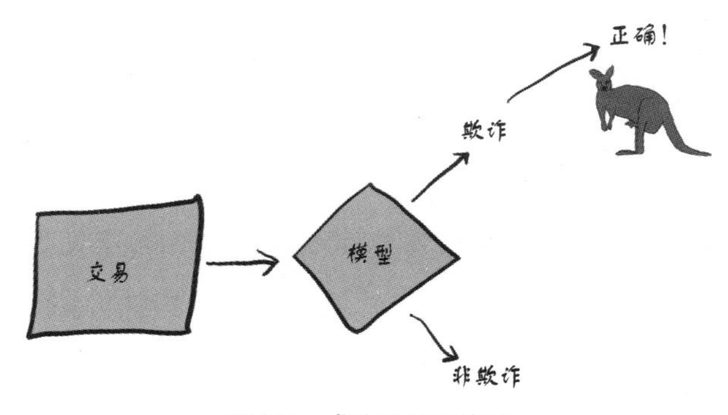

图 6.2 成功的欺诈检测

但是，如果系统运行太慢，这些欺诈交易的埋单者就会是公司而非客户。这样的代价可能会非常大，因为没有人喜欢像鸭嘴兽一样用偷来的信用卡消费(参见图 6.3)。

过于急切也可能对公司不利。如果团队搞错了，那么他们就会锁定客户试图使用的卡片，从而给客户带来极大的不便。

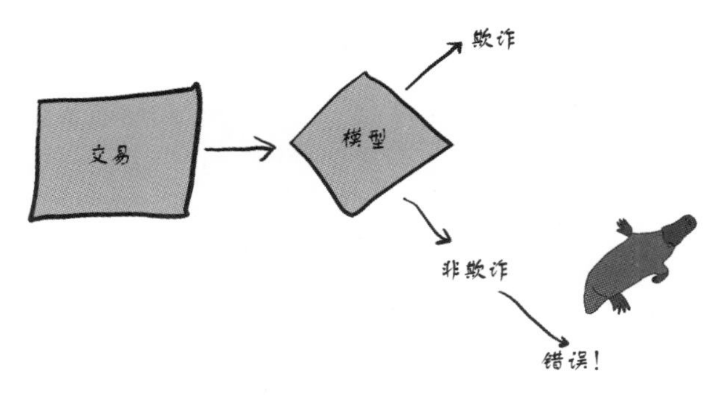

图 6.3　未能检测到欺诈行为

一只袋獾因为信用卡被冻结而无法支付晚餐账单，这会引起顾客的极大不快。他可能会注销他的信用卡，这也会导致公司受损(参见图 6.4)

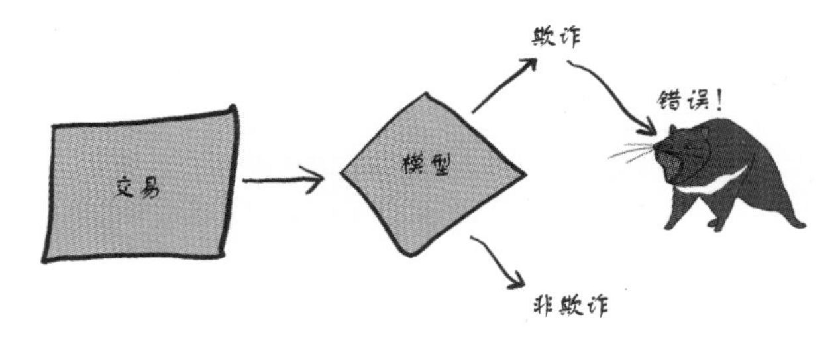

图 6.4　不准确地检测欺诈

在机器学习上下文中，经常会使用可以为给定模型计算的各种度量来讨论这种权衡问题。本章的大部分内容侧重于不同的模型度量，因为度量是现实世界里机器学习系统运作方式的关键部分。

6.2　测试数据

要了解用于评估模型的模型度量标准，你所要使用的数据应与之前用过的不同。在前面的章节中，你了解了如何收集和使用数据来训练机器学习模型。但是，你往往不会使用收集的所有数据来训练模型。相反，你通常会将一些数据留作他用。我们将此类数据称为测试数据，这意味着它们不包含用于学习模型的数据。根据使用机器学习系统的目的，你可能会使用这些测试数据做一些不同的事情，但是不论目的是什么，通常一定会用到它们。

决定要测试哪些数据以及使用哪些数据来学习模型存在很大的危险。如果不关心如何在系统级别处理数据，那么你可能会发现，当这些模型用于在产品系统中进行实时预测时，它们会做出很糟糕的预测。袋鼠资本公司的 roos 是一个非常保守的群体，因此他们尝试尽可能安全地使用测试数据。他们的方法依赖于什么是测试数据和训练数据的全局概念。

要了解袋鼠资本公司的实现方法，我们首先为信用卡处理系统设置一个域模型的基本版本。代码清单 6.1 显示了构建可处理信用卡交易的代码所需的一些基本要素。

> **类型别名**
>
> 使用类型别名录入交易、客户和商家的标识符。我们之前没有使用它们，但类型别名是一种简单的应用方式。它们允许使用有意义的类型名称定义任意数字标识符，而无须更改基本类型的任何底层属性。CustomerId 是长整型(Long)。可以在 CustomerId 上执行与长整型 Long 上相同的操作。但是，当给定的 Long 实际上是客户与商家的标识符时，可以通过实现代码来描述。能够分配这些描述性类型通常有助于使用类型来构建问题域的更丰富的描述，如代码清单 6.1 所示。

代码清单 6.1　信用卡交易工具

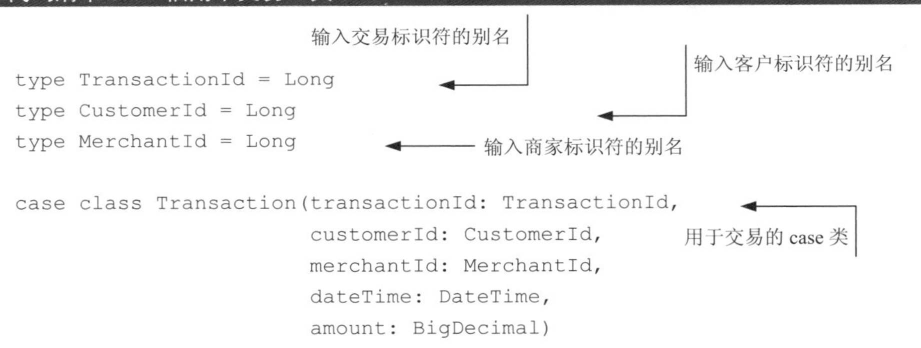

```
type TransactionId = Long
type CustomerId = Long
type MerchantId = Long

case class Transaction(transactionId: TransactionId,
                       customerId: CustomerId,
                       merchantId: MerchantId,
                       dateTime: DateTime,
                       amount: BigDecimal)
```


通过使用代码清单 6.1 中建立的基本域模型，你现在可以实现自己的代码版本，从测试数据中分离出训练数据。该实现在稳定标识符(客户的账号)的基础上，采用了确定性哈希函数。某个给定客户的所有交易数据总是要么在训练数据中，要么在测试数据中。在数据较少的系统中，这可能不是正确的方法。另一种方法是将交易数据分为训练数据和测试数据。但袋鼠资本公司在澳大利亚拥有巨大的市场份额，因此拆分客户是他们可以接受的选择。

代码清单 6.2 显示了如何将给定的交易分配给训练数据或测试数据。

代码清单 6.2　将客户分配到训练集

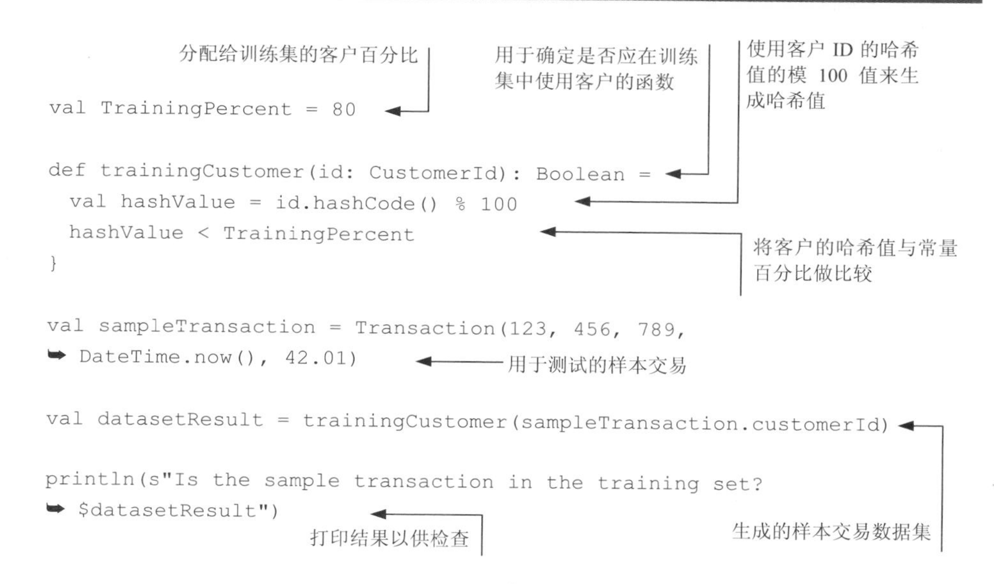


```
val TrainingPercent = 80

def trainingCustomer(id: CustomerId): Boolean =
  val hashValue = id.hashCode() % 100
  hashValue < TrainingPercent
}

val sampleTransaction = Transaction(123, 456, 789,
➥ DateTime.now(), 42.01)

val datasetResult = trainingCustomer(sampleTransaction.customerId)

println(s"Is the sample transaction in the training set?
➥ $datasetResult")
```

trainingCustomer 函数可以在几个不同的地方实现。目前，你关注的是交易，因此你可以在 Transaction 类上实现它。因为它是关于客户的信息，所以你可以将它放在 Customer 类上，这个类可能存在于某个地方(你还没有实现它)。但 trainingCustomer 是一个可以在整个系统中广泛使用的纯函数。

类型签名确保只会按照你的意图对客户 ID 进行操作，因此我们将其留在实用程序对象上，并允许消费者根据需要导入它。如果你有面向对象编程经验，那么这样做可能会让你感觉不太好。但是，Scala 把面向对象和函数式编程范例结合在了一起，所以这在 Scala 中是完全可以接受的。在函数式编程风格的代码中，拥有“函数包”并不罕见，其中对象可能是某些函数的容器，这些函数可能全部彼此独立使用。该对象仅用作名称空间，即用于组织代码的标识符。这与传统的面向对象编程形成对比，传统的面向对象编程会创建具有强内聚单元的对象，这些对象旨在作为一个整体使用。

因为你的哈希函数适用于某些属性，所以允许在整个代码库中传递函数是没有任何问题的。它显然是纯函数，这意味着它不会产生任何副作用。该函数也是引用透明的(referentially transparent)，这意味着当使用相同的参数调用时，它将始终返回相同的值。这是必须遵守的数学函数的重要属性。当你可以将代码构造为纯的、引用透明的函数时，这会使代码重用变得非常简单和自然，正如你可以通过哈希函数看到的那样。

请注意，你的哈希函数的实现方式是根据 training-proportion 参数设置的比例将实例随机分配给训练集或测试集。这种划分训练和测试数据集的策略避免了各种常见的数据准备问题，而这些问题可能导致模型性能不佳。

6.3　模型度量

既然你有能力划分数据，那么你可以使用其中一些数据来训练你的模型，其余的则用于测试或评估任何学习模型。你已经在第 5 章中看到了如何训练模型。代码清单 6.3 重新概述了模型学习的过程，而且再次使用了 Spark 的 MLlib，但是无须使用 MLlib 的诸多新功能。相反，你将专注于第 5 章中的模型学习过程如何与手头的工作联系起来。在代码清单 6.3 中，你将学习使用逻辑回归的二元分类模型。

代码清单 6.3　学习模型

```
val session = SparkSession.builder.appName("Fraud Model").getOrCreate()
import session.implicits._

val data = session.read.format("libsvm")
➥ .load("src/main/resources/sample_libsvm_data.txt")

val Array(trainingData, testingData) = data.randomSplit(Array(0.8, 0.2))

val learningAlgo = new LogisticRegression()

val model = learningAlgo.fit(trainingData)

println(s"Model coefficients: ${model.coefficients}
➥ Model intercept: ${model.intercept}")
```

创建一个新的会话

导入一些有用的隐式转换以用于 DataFrame

加载一些以 LIBSVM 格式存储的样本数据

随机将样本数据拆分为训练集和测试集

实例化逻辑回归分类器的一个新实例

在训练集上学习模型

打印模型的参数以供检查

在这种情况下，你将使用一些标准样本数据代替信用卡数据。你可以稍后重构代码以从静态类型的交易数据中提取数据。通过样本数据，你可以快速设置训练和测试过程的基本要素。请注意，你还使用了一种不像以前那样复杂的方法，即在训练和测试之间划分数据。同样，这只是为了给你提供简单但可运行的原型，你可以对其进行重构，以便稍后使用信用卡数据。Spark 项目提供了样本数据和随机训练/测试划分函数(splitting function)，以便更容易开始构建模型。

在代码清单 6.3 的末尾，你生成了一个 LogisticRegression 模型实例。你现在可以使用某些库功能来检查和推理模型。在此过程中，你完全不知道模型是什么样的。从定义上讲，模型学习过程的结果是不确定的，你的模型可能非常有用，也可能完全无用。

首先，我们要了解一些可以在训练集上计算模型性能的度量，为此，我们需要介绍如何衡量分类器的性能。回顾第 5 章的内容，在二元分类问题中，我们经常将这两个类称为正类和负类。在袋鼠资本公司的案例中，正例是指欺诈已经发生，而负例则是指没有发生欺诈行为。然后，我们可以针对给定的分类器在这些类中的性能进行评分。无论分类器是机器学习模型，还是基于气味做出决策的野狗，抑或只是一枚一元澳币的抛掷，都可以使用此方法来评估。传统术语称正确的预测为真、错误的预测为假。将所有这些放在一起将产生图 6.5 所示的 2×2 矩阵，称为混淆矩阵。

真阳性(true positive)是指模型正确预测欺诈。假阳性(false positive)是指模型错误预测欺诈。真阴性(true negative)是指模型正确预测正常(非欺诈)的交易。最后，假阴性(false negative)是指当模型错误地预测正常交易时，实际上存在欺诈。

通过这四类统计数据，我们可以计算出一些统计数据来帮助我们评估模型。首先，我们可以评估模型的精确度，模型的精确度定义为真阳性的数量除以所有被预测为正类的数据总和：

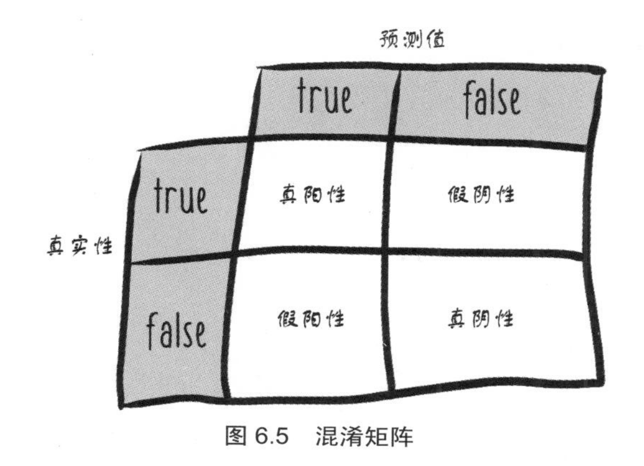

图 6.5　混淆矩阵

精确度=真阳性数量/(真阳性数量+假阳性数量)

精确度对于袋鼠资本团队来说非常重要。如果他们的欺诈模型的精确度不够高，那么他们将花费所有的欺诈调查预算来调查正常的、非欺诈性的交易。

还有一个统计量，称为召回率，对袋鼠资本团队来说也很重要。如果袋鼠资本团队的欺诈模型的召回率不够高，那么动物进行信用卡欺诈就太容易了，而且永远不会被抓住，这会使袋鼠资本公司付出高昂的代价。

召回率被定义为真阳性的数量除以集合中所有正例的总和：

召回率=真阳性数量/(真阳性数量+假阴性数量)

根据具体情况，召回率还有其他的名称，例如真阳性率。还有一个与召回率相关的统计量称为假阳性率或辍学率(drop-out)，它被定义为假阳性的数量除以集合中所有负例的总和：

假阳性率=假阳性的数量/(真阳性数量+假阳性数量)

可以使用称为ROC曲线的图来对模型进行可视化，看看它是如何使用真阳性率(召回率)与假阳性率进行比较的。

> **注意** ROC代表接收器工作特性。这项技术和名称起源于第二次世界大战期间的雷达。尽管ROC技术仍然有用，但名称与其当前的常用用法没有任何关系，因此除缩写ROC外，很少使用其他名称。

典型的ROC曲线如图6.6所示。

假阳性率在x轴上，真阳性率在y轴上。对角线$x = y$表示随机模型的预期性能，因此可用模型的曲线应该高于对角线。MLlib具有一些很好的内置功能来计算二元分类器的ROC曲线。

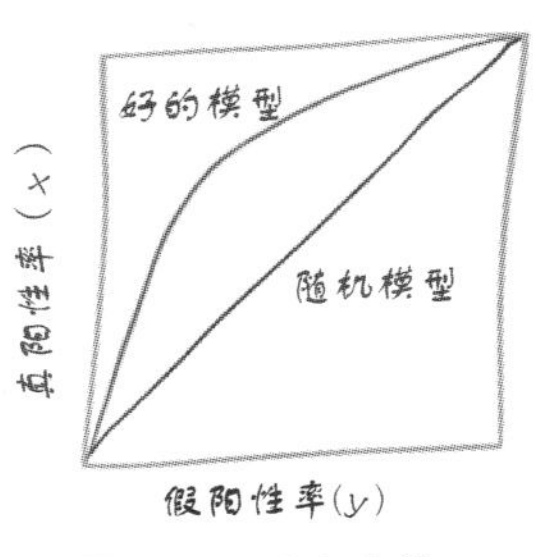

图6.6　ROC曲线

代码清单6.4显示了训练-性能摘要。

代码清单6.4　训练-性能摘要

```
val trainingSummary = model.summary                  ← 生成模型性能的摘要
val binarySummary = trainingSummary.asInstanceOf
➥ [BinaryLogisticRegressionSummary]                  ← 将摘要转换为适当的类型 BinaryLogisticRegressionSummary

val roc = binarySummary.roc                          ← 模型的ROC曲线

roc.show()                                           ← 打印ROC曲线以进行检查
```

模型摘要是MLlib中相对较新的功能，因此并不适用于所有的模型类。它的实现也有一些限制，例如需要使用 asInstanceOf 将摘要强制转换为正确的类型。毫无疑问，像这样使用 asInstanceOf 是一种很糟糕的 Scala 风格。但是 MLlib 仍然在快速发展，所以这个强制转换操作只是 MLlib 内部实现不完备的标志。MLlib 上的开发非常活跃，但是机器学习对于任何一个库来说都是一个庞大的领域。新功能正在快速增加，总体抽象正在得到显著改善。让我们在 Spark 的未来版本中寻找类似这种强制转换类的需要完善的功能吧！

我们正在构建大规模可扩展的机器学习系统，这些系统在很大程度上是自主运行的，因此谁又能有时间通过查看图表来决定到底是什么构成了一个好的模型呢？ROC 曲线的一个用途是获得关于模型性能的单个数字：ROC 曲线下的面积。该数字越高，模型的性能越好。你甚至可以使用此计算对模型的实用程序进行强有力的断言。请记住，随机模型应该根据 ROC 曲线上的直线 $x = y$ 执行。其下面积为 0.5，因此任何曲线下面积(AUC)小于 0.5 的模型都可以放心地抛弃，因为它比随机模型更差。

图 6.7~图 6.9 显示了好的模型、随机模型和差的模型的曲线下面积间的差异。

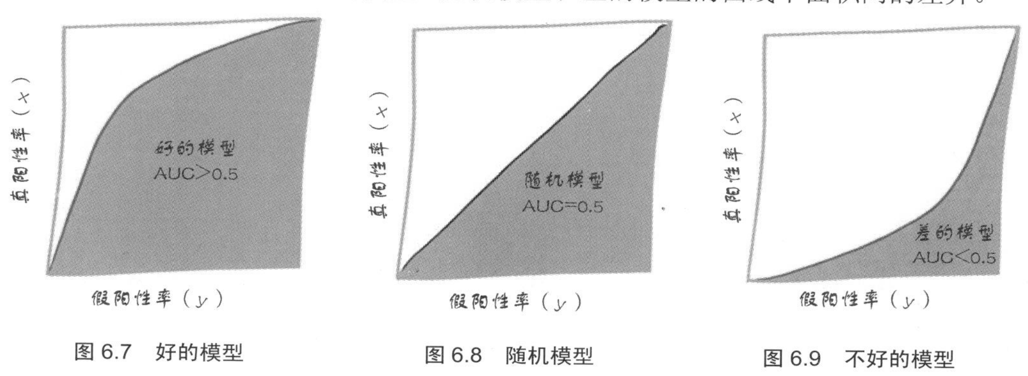

图 6.7 好的模型　　图 6.8 随机模型　　图 6.9 不好的模型

代码清单 6.5 显示了相比随机方法能更好地验证性能的实现。

代码清单 6.5 验证训练性能

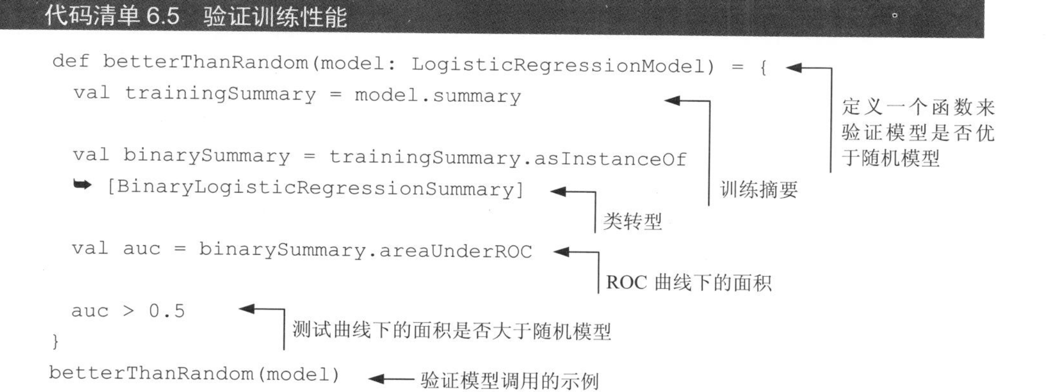


```
def betterThanRandom(model: LogisticRegressionModel) = {
  val trainingSummary = model.summary

  val binarySummary = trainingSummary.asInstanceOf
➥ [BinaryLogisticRegressionSummary]

  val auc = binarySummary.areaUnderROC

  auc > 0.5
}
betterThanRandom(model)
```

这种验证可以作为机器学习系统中一个非常有用的安全功能，用于防止发布一个可能非常不好的模型。在袋鼠资本公司的案例中，由于欺诈比正常交易少得多，没有通过测试的模型很可能会错误地指控许多愤怒的动物有信用卡欺诈行为。

这种技术可以扩展到基本的合理性检查之外。如果你记录了已发布模型的历史性能，则可以将新训练模型的性能与它们进行比较。接下来，逻辑验证将不再发布与当前发布的模型具有显著不同性能的模型。稍后将讨论一些模型验证技术。

你还没有问完关于模型的问题。你可以考虑其他模型度量。到目前为止，你看到的度量标准试图捕捉模型性能的一个方面。而且，不难想象一个模型虽然在精确度方面做得很好，但却在召回率方面可能没有那么好，反之亦然。F度量(或有时称作F1得分)是一种统计量，它试图将精确度和召回率的关注点结合在同一度量中。具体来说，它是精确度和召回率的调和平均值。代码清单6.6显示了两种构建F度量的方法。

代码清单 6.6 F度量

```
F measure = 2 * (precision * recall) / (precision + recall)

F measure = (2 * true positives) /
➥ (2 * true positives + false positives + false negatives)
```

使用F度量作为模型度量可能并不总是合适的。它对精确度与召回率进行均衡考虑，这可能与情景建模和业务目标不符。但它的优势在于，它是一个单一的数字，可以用来实现自动决策。

例如，F度量的一个用途是设置逻辑回归模型用于二元分类的阈值。在内部，逻辑回归模型正在产生概率。要将它们转换为预测的类别标签，你需要设置一个阈值，将正(欺诈)预测与负(非欺诈)预测区分开来。图6.10显示了逻辑回归模型的一些示例预测值，以及如何使用不同的阈值将它们分为阳性预测和阴性预测。

阈值=0.6

Value	Label
0.5	FALSE
0.9	TRUE
0.7	TRUE

阈值=0.8

Value	Label
0.5	FALSE
0.9	TRUE
0.7	FALSE

图 6.10 阈值设置

F度量不是设置阈值的唯一方法，但它却是一个有用的方法，所以让我们看看如何做到这一点。代码清单6.7显示了如何在训练集上使用模型的F度量来设置阈值。

代码清单 6.7 使用 F 度量设置阈值

```
val fMeasure = binarySummary.fMeasureByThreshold

val maxFMeasure = fMeasure.select(max("F-Measure"))
  .head().getDouble(0)

val bestThreshold = fMeasure.where($"F-Measure" === maxFMeasure)
  .select("threshold").head().getDouble(0)

model.setThreshold(bestThreshold)
```

检索每个可能阈值的 F 度量

找到最大 F 度量

找到与最大 F 度量对应的阈值

在模型上设置阈值

现在，学习模型将使用基于 F 度量选择的阈值来区分阳性预测和阴性预测。

6.4 测试模型

回到代码清单 6.3，作为准备学习的数据的一部分，你为测试过程留了一些数据。现在是时候使用测试数据来测试你的模型了。当我们测试模型时，我们的目标是准确了解模型在未知领域里的表现。要做到这一点，我们必须使用模型以前从未见过的数据：测试数据。

你可以使用已经学习的现有模型，并通过设置阈值来对测试数据进行预测。代码清单 6.8 显示了如何生成预测并检查它们。

代码清单 6.8 预测测试数据

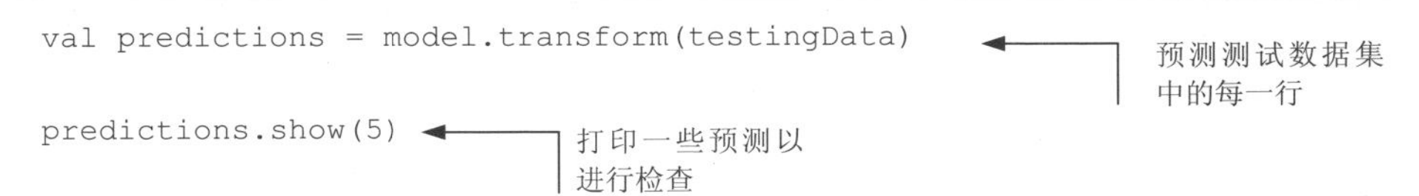

接下来，你将执行类似于之前所做的操作：计算有关模型性能的一些度量。在这种情况下，让我们再看一下精确度和召回率。回顾一下：一个低精确度的模型会惹怒许多袋獾，它们的信用卡在完全正常、无欺诈使用时遭到拒绝。一个低召回率的模型将导致很多快乐的鸭嘴兽带着所有钱到处游走，因为它们的欺诈行为未被发现。两者都很重要，所以我们想要一个能够很好地消除这两个问题的模型。为了对模型在精确度和召回率方面的表现进行可视化，我们可以看精确度-召回率曲线，如图 6.11 所示。

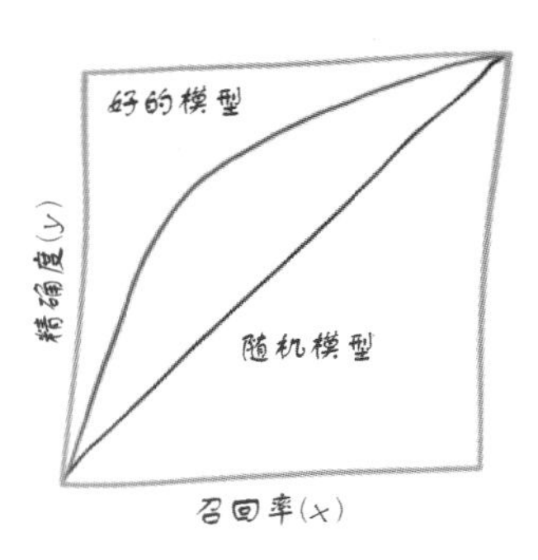

图 6.11 精确度-召回率曲线

与我们之前看到的 ROC 曲线相比，唯一的区别是坐标轴上的度量。召回率在 x 轴上，精确度在 y 轴上。同样，对角线 $x = y$ 表示随机模型的预期性能，因此一个可用模型的曲线应该高于这条直线。

和以前一样，对于你选择的模型度量而言，你想要确保学习模型优于随机模型，因此你将计算精确度-召回率曲线下的面积，参见代码清单 6.9。

代码清单 6.9 使用评估器

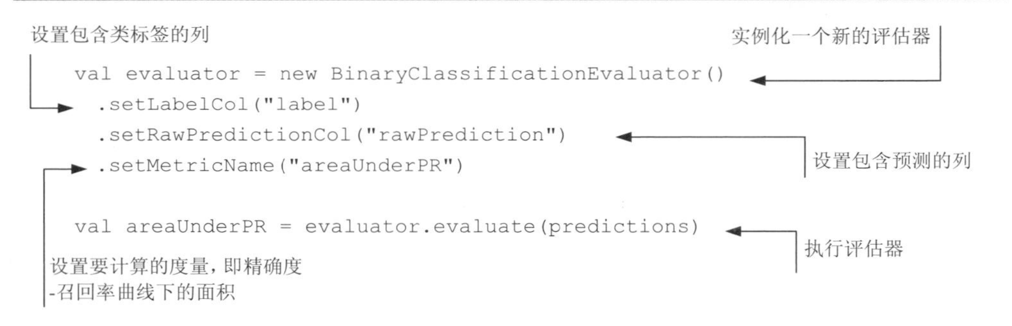


```
val evaluator = new BinaryClassificationEvaluator()
  .setLabelCol("label")
  .setRawPredictionCol("rawPrediction")
  .setMetricName("areaUnderPR")

val areaUnderPR = evaluator.evaluate(predictions)
```

随机模型的精确度-召回率曲线下的面积为 0.5，与 ROC 曲线中的随机模型相同，因此你可以相同的方式定义验证函数，参见代码清单 6.10。

代码清单 6.10 验证模型

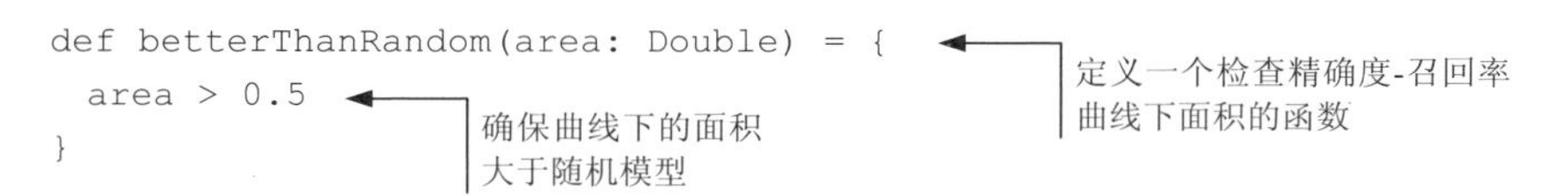


```
def betterThanRandom(area: Double) = {
  area > 0.5
}
```

从你必须编写的代码的角度看，计算测试数据的度量与计算训练数据的度量非常相似。但非常值得注意的是，根据训练数据计算的度量可以提供与测试数据计算的度量截然不同的图像。你在训练集上计算的度量代表了模型的最佳性能。在训练过程中，模型学习算法可以访问特征和类标签。根据模型学习算法和训练数据集，模型可以在训练数据集上具有 100%的准确度。

测试数据为你提供了一个非常不同且更真实的视图，以了解你的模型有多好。因为该模型从未见过任何这样的数据，所以它应该与你在现实世界中发布并使用模型时的行为大致相同。你可以将此视为早期访问模型的真实性能，就像 Manning Early Access Program(www.manning.com/meap-program)一样，这让读者在纸质书出版之前就能读到这样的书。

这种对模型性能的早期访问是至关重要的。它允许你保护你的产品系统，使其免受可能对整个系统造成严重破坏的根本不好用的模型的影响。重要的是不要破坏测试过程的完整性。如果你未能将用于训练和测试过程的数据充分分离开来，则可能会得到根本不准确的模型性能图像。否则，你最终可能会遇到 6.5 节中讨论的问题。

6.5　数据泄漏

常见的数据处理错误称为数据泄漏。它的工作原理是这样的。你已将数据分离开来以用于训练和测试，但存在一个微妙的问题。关于测试数据的内容，特别是类标签 ，已经以某种方式泄漏到训练数据中。结果导致在训练和测试数据上具有良好的性能，但在实际数据上可能表现非常糟糕。

想象一下，在袋鼠资本公司的案例中，一位数据科学家为长期客户的交易建立了模型，以检测欺诈行为。由于有很多关于这些客户的历史数据，他决定为某个客户创建一个关于欺诈历史的特征。其基本原理是，过去客户账户上的欺诈事件意味着该客户可能不太擅长将卡片放在钱袋中。这位数据科学家编写了一个功能来查询客户的历史欺诈报告数量，这看起来类似于代码清单 6.11 中的存根实现。

代码清单 6.11　过去欺诈报告特征

```
def pastFraudReports(customer: Customer): Int = ???
```

问题在于，在这位数据科学家的实现中，他对查询没有做日期范围限制。用于存储正在查询的欺诈报告数据的后台数据库使用了一个可变的数据模型。结果导致最近报告的欺诈行为都包含在此特征中，因此该模型可以查看这些欺诈行为并将自身偏向于训练过程中的欺诈行为。这种方法在测试集里面仍然正常工作，其中关于“过去”欺诈的特征继续很好地预测“未来”欺诈将在何处发生。我们看到的所有模型度量似乎都表明这是一个高性能的模型，但它们都是错误的。模型发布后，其性能将远低于之前计算的任何度量所暗示的性能。这是因为该模型不再能够在未来的数据中看到这一特征，因此再也不能依赖该特征人为地提高性能。

数据泄漏也可能采取比这更微妙的形式。请记住，袋鼠资本公司将客户分为训练或测试客户。这通常是合理的，但这不能确保拥有正确处理数据所必需的全部。

不久前发生了一起涉及考拉欺诈团伙的事件。他们慢慢积累了袋鼠资本公司许多客户的账户凭证。然后，他们一下子就收到了大量的费用，使袋鼠资本公司损失了数百万美元。

使用此历史数据集的问题在于，它发生在特定时间点，只针对特定的用户子集。出于某种原因，考拉欺诈的主要目标是野狗。当数据被客户分为训练数据和测试数据时，很多野狗都会被分到训练集中，并且模型会得知野狗所持的账户很可能成为欺诈的目标。问题是这种知识对未来毫无用处。这是一个在单一的时间点发生的单一事件。此后所有肇事者都被关起来(在警察进行追捕之后)。这种知识没有用了，而且以野狗为中心的模型在未知领域的表现是相当糟糕的。

对于这样的底层数据集里出现的大事件，你可以使用各种技术来减轻此异常数据的影响。一种方法是使用较早的数据进行训练，按时间划分数据，同时测试后面的数据。这种方法可能会在测试阶段导致相当差的性能，但它会比较准确。机器学习模型很难预测不可预测的情况。或者你可以完全放弃这段时间，理由是你试图为“正常规模欺诈”的概念标签建立一个模型，而“正常规模欺诈”通常在不同种类的客户中分布得更为均匀。这并不一定意味着完全忽视这种形式的欺诈。你仍然可以实现其他类型的模型，甚至使用确定性系统(例如，流量限制)来检测此类主要欺诈事件。这种方法可以让你的“正常规模欺诈”专注于你最初关注的小规模且有规律的欺诈事件上。

无论采用哪种方法，你始终都希望确保测试数据中的任何相关知识完全不受训练数据的影响。如果你能够取得成功，那么你的模型评估过程应该是准确而有用的。

6.6 记录起源

既然你已经为了确保模型具有预测性而询问了关于它们的各种问题，那么现在你就需要使用这些模型了。在第 7 章中，我们将重点关注发布模型的过程，使其可用于预测。但在我们这样做之前，让我们快速看看如何获取我们在本章中考虑的所有有用信息。

如果回顾 4.5 节，你可以看到，你需要根据上下文信息来决定可以使用哪些特性数据，而这些上下文信息不一定是在源代码中建立并编译时就验证。我们的模型有类似的问题。由于模型学习过程的内在不确定性，我们并不知道在我们学习并评估结果之后，我们的模型将会变得多么好。

本章通过使用统计技术来评估模型的性能，这里展示了几种解决这种不确定性的技术。但是，这些计算的结果需要被某些东西消耗掉。在本书中，我们将考虑模型评估期间产生的数据的两个下游消费者：预测服务应用程序的发布过程和监督组件。

这些其他系统需要考虑的信息是起源的一种形式(也称为血统)。在这种情况下，模型的起源是关于如何生成模型的信息，包括用于确定应发布模型的性能度量等。

传递此信息的一种方法是将计算的度量附加到模型本身的某种封装器对象内。代码清单 6.12 显示了一种方法，它为本章计算得到的一些统计数据执行了上述操作。

代码清单 6.12　评估结果 case 类

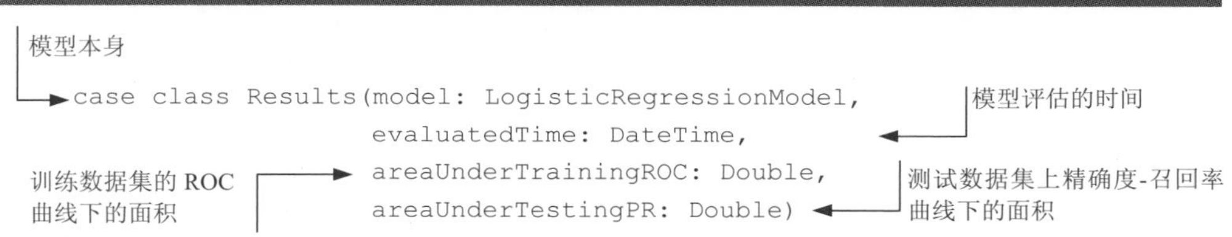

这些可能并不是你想要为特定的模型学习管道记录的度量。曲线下的面积对于决定是否使用模型非常有用，但下游系统可能更关心模型的行为方式。你可能希望在所选阈值的测试集上记录精确度和召回率。

此外，你可能无法使用元数据传递模型对象。有时，你可以选择仅通过唯一标识符来引用模型，并将元数据存储在与模型不同的位置，例如在数据库中。代码清单 6.13 显示了评估结果建模的另一种方法。

代码清单 6.13　重构的评估结果 case 类

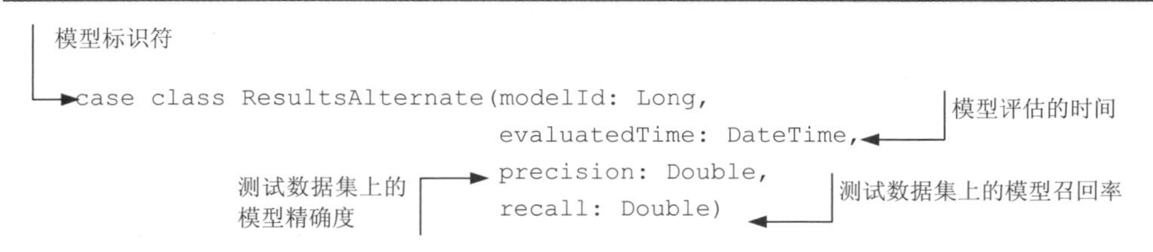

这种备选方法更接近于在反应式机器学习系统中首选的面向消息的理想方法。通过使用很多技术手段(队列、事件总线、数据库等)，可以轻松地将此 case 类作为消息传输出去。与简单的消息传递相比，任何需要消耗此数据的下游系统都没有必要进行更紧密的耦合。从任何消费者(ResultsAlternate 消息的接收者)的角度看，任何语言的任何库都可以学习该模型。

如果我们在模型评估过程中发现我们已经学到了一个无用的模型，那么我们就可以发出一条消息，这条消息包含关于低精确度和/或低召回率模型的信息。这种消息传递形式可以很好地控制我们的模型学习过程。正如你将在下一章中看到的那样，我们可以构建模型发布系统，该系统可以处理有关模型的消息，并且可以在我们的机器学习系统中保持反应性。

6.7 反应性

为数据集上给定模型的性能计算不同的性能统计量。信不信由你，你可以计算出更多的性能统计数据。你可以尝试计算正负似然比、G-measure 等。你可以从各种统计参考资料、书籍和网络中找到不同统计数据的描述。然后，你可以将这些值与我们在本章中探讨的其他计算结果做比较。这会给你带来关于模型性能的什么样的直观感觉呢？

尝试在训练集上建立一个“完美”的模型。通过做一些工作，许多技术可以为给定的数据集带来完美或接近完美的性能。一般来说，如果你的模型与训练实例具有相同数量或更多的参数，则每个参数有可能最终有效地成为给定实例的表示。如果你为数据集中的每个实例赋予一个任意标识符作为特征，那么有几种模型学习技术可以使用这个特征作为“记住”哪个实例具有哪个类标签的方式。如果得到一个以这种方式训练的模型，那么测试它会是一件非常有趣的事情。将模型应用于测试集，并计算其性能。由于设计了一个过拟合模型，性能很可能(但不保证)非常糟糕。你的模型如何在测试集上执行？如果它的性能不是太差的话，你怎么才能检测到它在未来未见过的数据上可能做得不好？

6.8 本章小结

- 可以对测试数据进行评估，以评估其性能。
- 准确度、精确度、召回率、F 度量和曲线下的面积等统计量可以量化模型性能。
- 将训练中使用的数据与测试分开可能会导致模型缺乏预测能力。
- 记录模型的起源允许你将消息传递给其他系统以了解其性能。

在下一章中，你将了解如何使学习模型可用于预测。

第 7 章

发布模型

本章包括：

- 持久化学习模型
- 使用 Akka HTTP 建模微服务
- 使用 Docker 对服务进行容器化

在本章中，我们将思考如何发布模型(参见图 7.1)。在本书中，你一直在学习和使用模型，但是在真实的机器学习系统中使用模型可能会涉及一些未知的复杂性。当你在 Spark shell 这样的 REPL 中探索模型时，你可以直接调用内存中已有模型实例的方法。但是在现实世界的系统中，正如你在第 4 章和第 5 章中看到的那样，在将模型用于完全不同的应用程序之前，通常要在管道中学习模型。本章将向你展示如何使模型可用于真实世界机器学习系统的复杂环境。我们将通过一种方法将模型打包到服务中，然后将这些服务转换为可独立部署的单元。

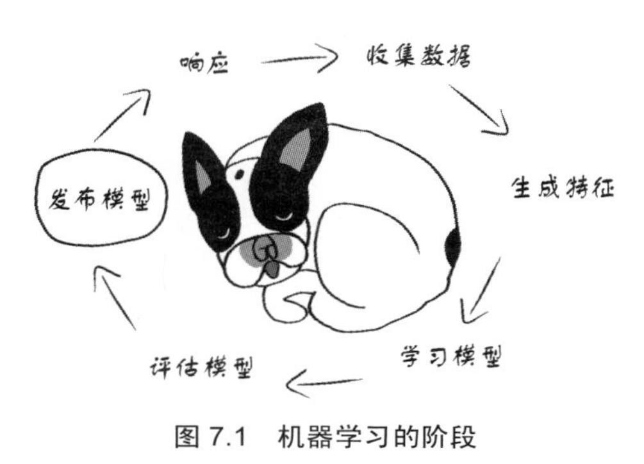

图 7.1　机器学习的阶段

7.1 农业的不确定性

机器学习被用于各种行业，而不仅仅是你认为的只涉及与大量技术相关的行业。例如，农业就需要大量的先进技术。让我们想象一个 Hareloom 农场，这是一个完全由兔子经营的有机农场。兔子种植水果和蔬菜，包括芹菜、西红柿，当然还有胡萝卜。

农业贸易充满了不确定性。在 Hareloom 农场，早冻可能会破坏西红柿。生产的羽衣甘蓝比需求少，可能意味着错失潜在的收入。萝卜价格的突然下跌可能使作物几乎不值得收获。

基于所有以上这些原因，Hareloom 农场需要有预测能力来经营他们的非技术业务。他们拥有一支数据团队，由数据科学家和工程师(包括你)组成，他们比普通野兔聪明。你可以使用之前看到的工具为所有这些问题构建机器学习模型。利用 Scala、Spark 和 MLlib 这些工具，让我们看看你在农场里做了些什么。

7.2 持久化模型

Hareloom 农场的农民非常关心作物产量——每单位农田生产的作物数量。最近，他们一直试图模拟在种植期间使用多少胡萝卜种子的问题。胡萝卜种子本身是一种非常低成本的原料，因此在过去的时间里他们都在非常自由地在使用它们。当他们使用的胡萝卜种子太少时，他们没有生产出他们想要的胡萝卜产量。但是当他们使用太多时，就会出现过度密集的问题，导致胡萝卜太小，不能令人满意。

你的团队将所有这些历史数据以简单实例的形式记录下来，以便进行训练。你选择每英寸土壤包含的种子数作为单一特征，而对于概念标签，你选择使用单个布尔值来指示特定收获是否被视为成功的。成功标签是通过汇总关于收获的胡萝卜数量、胡萝卜大小和收获难度等主观判断手工生成的。

通过定义建模任务，你可以开始构建 Spark 管道了，参见代码清单 7.1。

代码清单 7.1 加载数据

```
val session = SparkSession.builder                         创建 SparkSession
➥ .appName("ModelPersistence").getOrCreate()   ◄
```

```scala
val data = Seq(
  (0, 18.0, 0),
  (1, 20.0, 0),
  (2, 8.0, 1),
  (3, 5.0, 1),
  (4, 2.0, 0),
  (5, 21.0, 0),
  (6, 7.0, 1),
  (7, 18.0, 0),
  (8, 3.0, 1),
  (9, 22.0, 0),
  (10, 8.0, 1),
  (11, 2.0, 0),
  (12, 5.0, 1),
  (13, 4.0, 1),
  (14, 1.0, 0),
  (15, 11.0, 0),
  (16, 7.0, 1),
  (17, 15.0, 0),
  (18, 3.0, 1),
  (19, 20.0, 0))

val instances = session.createDataFrame(data)
  .toDF("id", "seeds", "label")
```

用于训练和评估的实例序列

实例包括标识符、每英寸使用的种子，以及收获成功的二进制标签

从实例中创建 DataFrame

命名 DataFrame 中的列

Hareloom 农场的兔子有比这更多的历史数据，但这个样本应该足以让你实现你的模型。请注意，你将再次使用以 DataFrame 为中心的 Spark ML API。

加载数据后，需要根据数据生成特征。在这种情况下，你将应用的特征转换是第 4 章中提到的分箱(binning)技术，这次将使用一些 MLlib 库功能，把你的特征值减少到三个箱子，如代码清单 1.2 所示。有关分箱技术的更多信息，请参阅 4.3 节。

代码清单 7.2　准备特征

```scala
val discretizer = new QuantileDiscretizer()
  .setInputCol("seeds")
  .setOutputCol("discretized")
  .setNumBuckets(3)

val assembler = new VectorAssembler()
```

将种子密度数据作为输入

创建QuantileDiscretizer 以用于特征工程

为离散化数据设置输出列

告知离散器使用三个桶

创建 VectorAssembler，格式化数据以用作特征

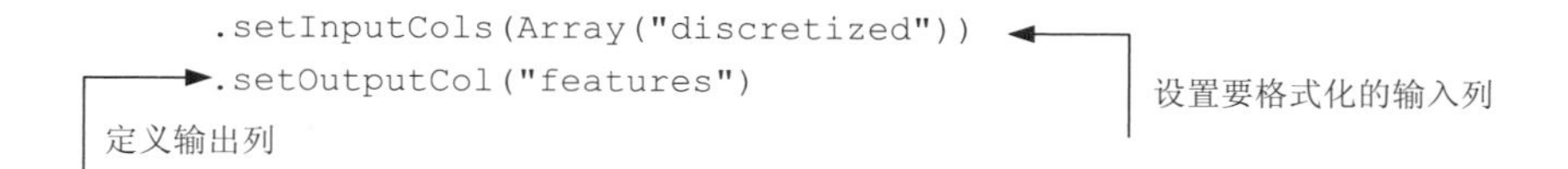

QuantileDiscretizer 为你执行分箱(或离散化)操作，无需桶之间的预定义边界。相反，你指定存储桶的数量，并且离散器通过对数据进行采样来推断合理的存储桶。在使用离散器之后，你还从 Spark 调用了另一个辅助功能 VectorAssembler。目的是向 DataFrame 添加一个新列，其中包含的特征值被封装在 ML 管道功能的其他部分所需的必要 Vector 类型中。

接下来，你可以构建学习管道的其他部分了。在此例中，你会使用一种称为交叉验证(cross validation)的技术来探索多个模型，以确定哪个模型表现得最好。交叉验证是一种基于将数据划分为随机子样本的技术，可以在数据的不同部分评估模型学习过程的结果，而且可以使用不同的超参数重复该过程。

你需要设置一个对象来保存这些参数，它们将在模型学习过程的不同运行中被用到。然后，你可以根据模型的性能来选择哪些参数生成了最好的模型。为模型学习过程找到最有效参数的问题通常被称为超参数优化(hyperparameter optimization)。你在示例代码中使用的技术被称为网格搜索(grid search)，用于遍历参数网格。与你可能已经看到的其他搜索应用程序不同，此处使用的搜索是一个简单的穷举搜索，这意味着管道将尝试你提供给它的所有参数。虽然你可以实现更复杂的超参数优化方法，但 MLlib 可以方便地对参数网格进行简单的穷举搜索，这对小规模的参数网格是很有效的。

代码清单 7.3 显示了这些概念是如何在管道实现的其余部分组合在一起的。

代码清单 7.3　组合管道

```
val classifier = new LogisticRegression()
  .setMaxIter(5)

val pipeline = new Pipeline()
  .setStages(Array(discretizer, assembler, classifier))

val paramMaps = new ParamGridBuilder()
  .addGrid(classifier.regParam, Array(0.0, 0.1))
  .build()

val evaluator = new BinaryClassificationEvaluator()

val crossValidator = new CrossValidator()
```

限制在模型学习期间应该使用的迭代次数

实例化分类器以学习逻辑回归模型

实例化管道

设置管道的各个阶段

添加正则化参数

实例化 ParamGridBuilder 以设置一些参数

构建参数图

设置 CrossValidator 以评估不同的模型

BinaryClassificationEvaluator 用于评估学习模型

```
    .setEstimator(pipeline)
    .setEvaluator(evaluator)
    .setNumFolds(2)
    .setEstimatorParamMaps(paramMaps)
```

设置要使用的 Estimator：之前实例化的管道

前面的示例使用不同的正则化参数在不同的模型上执行交叉验证。正则化是一种技术，可以用于生成更适用于一般情况的简单模型，如代码清单 7.4 所示。

代码清单 7.4　学习和保存模型

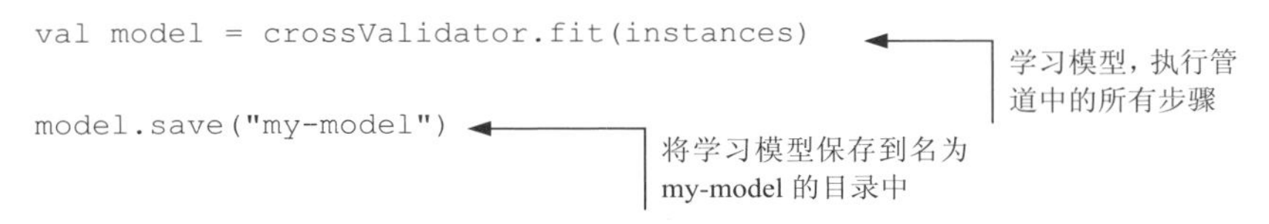

此管道中的最终 save 操作依赖于 Spark 2.0 中新添加的功能。它使保存和重用模型变得非常容易。在前面的章节中，你必须为工作的输出定义 case 类。对这些数据通常以纯数据的形式进行结构化，并且通常用作不可变消息。Spark 的模型持久性功能可以在一次 save 调用中为你实现这一点。

要确切了解它正在做什么，请浏览创建的 my-model 目录。你会发现两种类型的文件。第一种是 JSON 格式的元数据文件。你曾在第 3 章中第一次看到 JSON 格式，当时使用它作为一个结构来将 Scala case 类转换为 JSON 格式，以便它们可以持久保存在 Couchbase 文档数据库中。这里，JSON 用于记录有关管道各个方面的元数据。例如，你可以打开 my-model/bestModel/metadata 目录并找到 part-00000 之类的文件，它应该包含类似代码清单 7.5 中的模型。

代码清单 7.5　管道元数据

```
{
  "class": "org.apache.spark.ml.PipelineModel",
  "timestamp": 1467653845388,
  "sparkVersion": "2.0.0-preview",
  "uid": "pipeline_6b4fb08e8fb0",
  "paramMap": {
    "stageUids": ["quantileDiscretizer_d3996173db25",
       "vecAssembler_2bdcd79fe1cf",
       "logreg_9d559ca7e208"]
  }
}
```

当模型产生时（timestamp）

持久化的模型类型：PipelineModel（class）

用它制作的 Spark 版本（sparkVersion）

此模型的唯一标识符（uid）

关于管道的参数（paramMap）

查看这些元数据后，你可以检查 my-model/bestModel/stages 目录，你可以在其中找到与每个阶段的标识符相对应的目录，如元数据文件中所示。如果看一下逻辑回归阶段的目录，你会看到类似代码清单 7.6 的内容。你应该为管道的其他阶段生成类似的文件。

代码清单 7.6 逻辑回归模型元数据

```
{
    "class": "org.apache.spark.ml.classification
    ➥ .LogisticRegressionModel",
    "timestamp": 1467653845650,
    "sparkVersion": "2.0.0-preview",
    "uid": "logreg_9d559ca7e208",
    "paramMap": {
        "threshold": 0.5,
        "elasticNetParam": 0.0,
        "fitIntercept": true,
        "tol": 1.0E-6,
        "regParam": 0.0,
        "maxIter": 5,
        "standardization": true,
        "featuresCol": "features",
        "rawPredictionCol": "rawPrediction",
        "predictionCol": "prediction",
        "probabilityCol": "probability",
        "labelCol": "label"
    }
}
```

持久化预测模型的类型：LogisticRegressionModel

关于模型的参数

模型的阈值

用于生成模型的 DataFrame 中的各个列

使用 JSON 这样的具有很好可读性的格式，可以更容易地探索这些数据，但这并不是这些文件的主要目的，因为它们允许你加载以前学过的已保存模型。实际上，这些元数据文件并不是模型，而是生成其他类型文件的来源。

其他文件使用 Parquet 格式。Apache Parquet 是 Cloudera 和 Twitter 工程师之间的联合项目，通常用于使用 Hadoop 或 Spark 的大数据项目中，因为它是一种有效的数据序列化方法，得到了大家广泛的支持。以 Parquet 格式存储的数据可以非常容易地用于不同种类的数据处理系统。在这种情况下，你可以使用它来存储建模管道中各阶段的任何数据。对于没有很多特征的简单逻辑回归模型(比如你构建的模型)，模型中的数据量非常适中，但 Parquet 的高效压缩能力对于需要更多参数具有持久性的较大模型来说可能更有用。

所有这一切都是为了允许你在持久化之后加载模型，如下面的代码清单 7.7 所示。

代码清单 7.7　加载持久化模型

```
val persistedModel = CrossValidatorModel.load("./my-model")
```

在此例中，只需要从检查的文件中恢复以前学过的模型即可。在完整的系统实现中，这允许 Hareloom 农场的兔子使用集群节点上运行的分布式模型学习管道来学习模型，然后在预测微服务中使用，例如下一章要讨论的类型。

7.3　服务模型

既然你已经了解了如何持久化和加载模型，那么让我们看一下如何使用模型进行预测。你现在需要构建的机器学习系统的组件有不同的名称，例如模型服务器或预测服务，具体取决于组件的设计。通常，模型服务器是可以使用模型库(先前学习的模型的集合)进行预测的应用程序。与之相反，预测服务仅用于单个模型的预测。无论如何设计，模型服务组件对于拥有一个有用的机器学习系统都是至关重要的。没有这个组件，兔子将无法使用它们的模型来预测新问题。

Hareloom 数据科学堆栈是使用不同的技术和设计演化而来的。在原始模型服务器中，所有已学习的模型都存储在单个服务器端的应用程序中并由其提供服务。这种方法存在许多问题：不灵活，模型结构的变化通常意味着对模型服务器的更改，并且需要围绕模型库的管理构建大量基础结构。

7.3.1　微服务

最后，当负载变得太高并且无法在峰值范围内快速检索到预测结果时，团队决定放弃旧的模型服务实现。在重新设计时，他们决定使用一些新的工具和技术来尝试不同的方法。他们选择为每个模型创建一个微服务，而不是拥有包含所有模型的单片服务器。微服务是一种职责非常有限的应用程序。在极端的情况下，微服务可能只做一件事，坚持单一职责原则。在最初开发时，单一职责原则旨在适用于类或函数的小组件。原则是给定的系统组件应该只做一件事。当你将此原则扩展到系统设计时，你可以创建仅执行一项操作的服务。

在机器学习的背景下，你希望微服务做的一件事就是公开模型函数。团队喜欢这种简单的“模型函数即服务”设计，因为每个微服务都可以专注于给定类型模型的特定需求，而不是让一个应用程序处理所有类型的模型。

选择将模型库分解为单独的微服务已经解决了他们的一些性能问题。如果给定的预测服务没有跟上负载，团队可以部署另一个实例。团队模型的纯函数是无状态的，因此可以同时运行其中的许多函数，而无须在实例之间进行协调。稍后，将讨论一些在处理服务数组时可能有用的基础结构部分。

7.3.2 Akka HTTP

即使考虑到这些优势，团队也想看一看他们是否能够提出模型微服务的高性能实现。他们求助于我们的老朋友Akka，以针对模型帮助他们构建封装的架构。Akka HTTP是Akka的一个模块，专注于构建Web服务。它并非Play这样的Web应用程序框架。与之相反，它对于构建通过HTTP公开API的服务更有用。它是从之前构建在Akka之上的框架发展而来的，它们具有很多相同的目标，称为Spray。请注意，本章将使用的某些功能部分来自较旧的Spray项目。使用Akka构建预测服务的优势在于可以利用Akka强大的并发功能。Akka的actor模型提供了有效使用硬件来构建高性能服务的强大能力。例如，可以使用更多的actor来为应用程序中的并发建模，而不是使用线程。这意味着可以同时处理许多预测请求，Akka框架可以完成处理所有并发请求的大部分繁重工作。

让我们首先在case类中像往常一样设置预测结果的模式，这也将用于定义如何将预测序列化为JSON并反序列化为case类，参见代码清单7.8。

代码清单7.8　预测数据

使用来自Spray JSON的JSON格式化功能

用于预测的case类

```
case class Prediction(id: Long, timestamp: Long, value: Double)

trait Protocols extends DefaultJsonProtocol {
  implicit val predictionFormat = jsonFormat3(Prediction)
}
```

使用Spray JSON辅助函数为预测case类定义隐式格式化程序

接下来，你可以设置预测功能。在此例中，你将使用虚拟模型和特征的简化表示。特征的字符串表示从API调用中被解析出来，并转换为能以Map形式实现的特征向量，参见代码清单7.9。

代码清单7.9　模型和特征

定义一个虚拟模型，该虚拟模型对字符到双精度映射结构的特征进行操作

创建一个映射，将特征标识符映射为“系数”

通过所有特征值上的操作生成预测值

```
def model(features: Map[Char, Double]) = {
  val coefficients = ('a' to 'z').zip(1 to 26).toMap
  val predictionValue = features.map {
    case (identifier, value) =>
  coefficients.getOrElse(identifier, 0) * value
  }.sum / features.size
  Prediction(Random.nextLong(), System.currentTimeMillis(),
  ➥ predictionValue)
}
```

使用case语句将名称绑定到每个特征标识符和特征值

实例化，返回预测实例

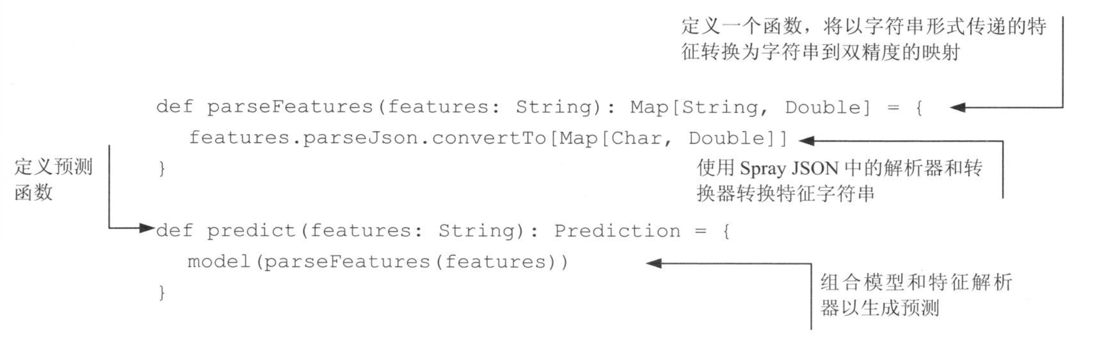


```
def parseFeatures(features: String): Map[String, Double] = {
  features.parseJson.convertTo[Map[Char, Double]]
}

def predict(features: String): Prediction = {
  model(parseFeatures(features))
}
```

现在，你可以将这些函数封装在服务定义中。使用 Akka HTTP，代码清单 7.10 定义了一个名为 predict 的 API 路由，它将采用特征的序列化字符串表示形式并返回模型的预测。

代码清单 7.10　带路由的服务

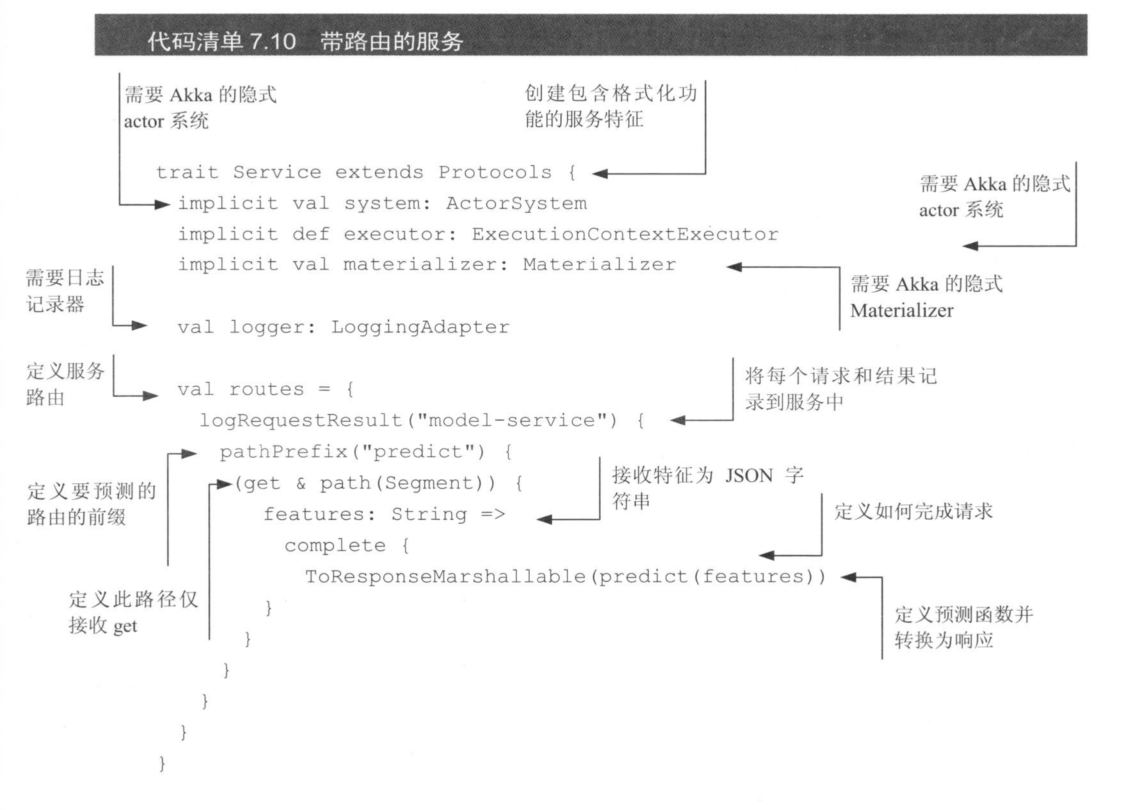


```
trait Service extends Protocols {
  implicit val system: ActorSystem
  implicit def executor: ExecutionContextExecutor
  implicit val materializer: Materializer

  val logger: LoggingAdapter

  val routes = {
   logRequestResult("model-service") {
    pathPrefix("predict") {
     (get & path(Segment)) {
       features: String =>
         complete {
           ToResponseMarshallable(predict(features))
         }
     }
    }
   }
  }
}
```

最后，代码清单 7.11 实例化服务的实例，启动日志记录，并将服务与预测路由绑定到本地机器上的给定端口，参见代码清单 7.11。

代码清单 7.11 一个模型服务

```
object ModelService extends App with Service {
  override implicit val system = ActorSystem()
  override implicit val executor = system.dispatcher

  override implicit val materializer = ActorMaterializer()

  override val logger = Logging(system, getClass)

  Http().bindAndHandle(routes, "0.0.0.0", 9000)
}
```

使用定义的服务特征将模型服务定义为可运行的 App

实例化 Akka 的 actor 系统

实例化 Akka 的执行器

为 Akka 实例化物化器

实例化日志记录器

在给定的 IP 和端口启动新的具有已定义路由的 HTTP 服务器

这个服务现在可以接收特征预测的请求，并从网络上的任何程序返回模型的预测，该程序可以生成包含必要特征的具有良好格式的 get(例如 Web 浏览器、移动应用程序，等等)。这将使 Hareloom 团队更容易在其他应用程序中使用预测模型，甚至超出数据团队维护的模型。他们所要做的就是让这个微服务在某个服务器上运行。

7.4 容器化应用

JVM 生态系统具有构建和分发可运行应用程序的方法。应用程序可以构建为若干 JAR 包，然后在具有 Java 运行环境的任何地方执行。Scala 从 Java 继承了所有这些功能，它们工作得很好。

另外，还存在其他选项。最近，许多团队以最大化可移植性的方式打包和分发应用程序，并且适用于所有类型的运行时(runtime)，这种方式被称为容器(Container)。容器是一种虚拟化整个服务器的方式，使得生成的容器可以在另一个操作系统之上运行，同时仍然在内部显示，就像直接在服务器上运行一样，而不需要介入主机。容器可以保证系统状态的完整静态快照，因为运行容器化的应用程序所需的所有资源都在容器内。容器是在运行其他程序的操作系统中直接在服务器上安装应用程序的替代方法。

当使用在服务器上安装应用程序的传统方法时，服务器状态的所有方面都可能影响应用程序的运行时，例如环境变量、已安装的库、网络配置甚至系统时间。使用容器时，开发人员可以完全控制应用程序视图中的内容，并防止底层操作系统或其他正在运行的应用程序干扰应用程序的正常运行。类似地，应用程序在容器内可以消耗的资源受到非常严格的限制，因此容器化的应用程序干扰另一个应用程序的可能性较小。

Hareloom 农场团队选择使用 Docker(一种流行的容器实现)作为打包应用程序的标准方法。选择 Docker 的一个原因是，Docker 已经建立了大量的工具和架构，其中一些内容你将在本章中看到，另一些你将会在下一章中看到。

有关如何安装 Docker 的最新说明书，请访问 Docker 网站 www.docker.com。这项技术发展迅速，设置细节因操作系统而异。无论选择如何设置 Docker，一旦可以运行 docker run hello-world，并看到结果成功，安装就完成了，你就可以开始容器化应用程序了！

接下来，需要在构建中设置一些功能，以帮助对模型服务进行容器化。sbt 是一个复杂的构建工具，可用于执行与构建和部署代码相关的许多任务。有关如何使用 sbt 的指令，请参阅 sbt 网站(www.scala-sbt.org)的 Download 部分(www.scala-sbt.org/download.html)。在这种情况下，你将使用一个名为 sbt-docker 的 sbt 插件来帮助使用 Docker。要安装 sbt 插件，请将其添加到/project/plugins.sbt 文件中，参见代码清单 7.12。

代码清单 7.12　添加 sbt 插件

```
addSbtPlugin("se.marcuslonnberg" % "sbt-docker" % "1.4.0")
```

然后，通过在 build.sbt 中编辑构建定义，可以在构建中启用插件，参见代码清单 7.13。

代码清单 7.13　启用 sbt 插件

```
enablePlugins(DockerPlugin)
```

现在已经准备好了工具，你需要为项目定义一个构建。如果你想定义如何将代码构建为可运行的构件，那么无论你是否使用 Docker，都需要这样做。对于此构建，你将使用 sbt 中默认定义的标准包构建任务。多亏有了 sbt-docker，你才可以更进一步定义如何将构建的 JAR 打包到 Docker 容器中，参见代码清单 7.14。

代码清单 7.14　在 sbt 中构建 Docker 镜像

定义如何构建一个 Dockerfile，它由 docker 构建任务生成

```
dockerfile in docker := {
  val jarFile: File = sbt.Keys.`package`
```

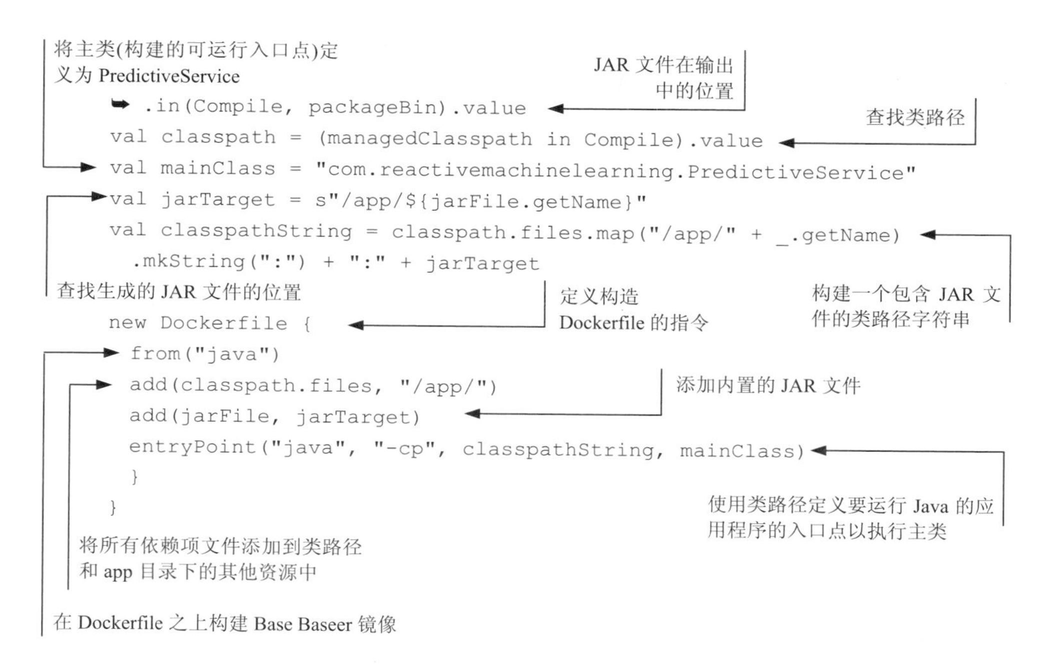


```
  ➥ .in(Compile, packageBin).value
  val classpath = (managedClasspath in Compile).value
  val mainClass = "com.reactivemachinelearning.PredictiveService"
  val jarTarget = s"/app/${jarFile.getName}"
  val classpathString = classpath.files.map("/app/" + _.getName)
    .mkString(":") + ":" + jarTarget
  new Dockerfile {
    from("java")
    add(classpath.files, "/app/")
    add(jarFile, jarTarget)
    entryPoint("java", "-cp", classpathString, mainClass)
    }
  }
```

现在，在定义了这个构建之后，你可以运行 sbt docker，将应用程序构建为 Docker 容器中的 JAR，该容器将在初始化时启动预测服务。

通过使用 sbt docker，你跳过了构建 Docker 镜像的一部分，否则你可能需要手动完成这部分：定义 Dockerfile。Dockerfile 本质上是一些指令，事关如何从其他 Docker 镜像构建 Docker 镜像以及镜像中使用的独特资源。你可以在项目的 target/docker 目录中找到生成的 Dockerfile。当你打开它时，它应该看起来类似于代码清单 7.15(但是要比它长)。

代码清单 7.15　Dockerfile

添加若干依赖项 JAR

```
FROM java

ADD 0/spark-core_2.11-2.0.0-preview.jar 1/avro-mapred-1.7.7
➥ -hadoop2.jar ...
ADD 166/chapter-7_2.11-1.0.jar /app/chapter-7_2.11-1.0.jar
ENTRYPOINT ["java", "-cp", "\/app\/spark-core_2.11-2.0.0
➥ -preview.jar ...
 "com.reactivemachinelearning.PredictiveService"]
```

建立基础镜像

添加应用程序 JAR

定义要运行 Java 的应用程序的入口点

指示应该在预测服务上运行 Java 以启动应用程序

你的 Dockerfile 可能比上述代码清单更长，但不应该比它更复杂。Dockerfile 列出了要包含在镜像中的所有依赖项，然后指示 Java 使用-cp(classpath)参数的位置。

使用此 Dockerfile，Docker 将构建一个镜像，该镜像包含在容器内运行预测服务所需的所有内容，然后将该镜像放在本地的 Docker 存储库中。在 Hareloom 农场的生产流程中，你的团队使用他们持续交付的架构将 Docker 映像作为构建过程的一部分推送到远程存储库，工作原理与刚刚完成的本地构建非常相似。

你可以通过调用 docker run default/chapter-7，或者按照 Docker 告诉你的任何方式来运行服务，它已经将构建的镜像标记为一个名称。然后，Docker 将从本地 Docker 存储库中检索构建的镜像并运行它。

现在你已经将它打包在 Docker 容器中，你可以用这个预测微服务做更多的事情了。它可以利用先进的容器管理系统，大规模地部署到各种环境中。我们将在第 8 章中讨论如何在实用系统中使用机器学习系统。

如果想深入了解如何使用 Docker，本书绝对不应该是你的最后一站。Jeff Nickoloff 编写的 *Docker in Action* 一书(Manning，2016，www.manning.com/books/docker-in-action)更深入地介绍了使用 Docker 模型的更大流程，Ian Miell 和 Aidan Hobson Sayers 合作编写的 *Docker in Practice* 一书(Manning，2016，www.manning.com/books/docker-in-practice，即将推出新版本)向你展示了使用 Docker 部署应用程序的更先进经验。

除这些书外，在线使用容器的资源也越来越多。

7.5　反应性

- 建立微服务。本书包含许多建立服务的例子。正如你之前所做的那样，你可以实现自己的微服务。你可以采用一些你想要部署的实际功能，例如封装机器学习模型，也可以采用虚拟功能只关注服务基础架构。通常我在构建系统时，我会采用后一种方法，并执行类似于服务的操作，服务会随机返回 true 或 false。这种“随机模型”使我能够专注于服务实现的属性，而与服务功能无关。
  像 Akka HTTP 这样的工具可以很容易地将给定函数作为服务公开在 Web 上，因此这种反应可以是简单的，也可以是复杂的。通过这种微服务，就可以开始思考一些问题，比如如何对高负载进行部署、如何检测和管理故障，以及如何与其他服务协同工作等。
- 容器化应用程序。从先前的反应性或其他应用程序中获取微服务，并将其构建到容器中。如果你真的想深入研究这个过程，那么首先要弄清楚基本镜像的要求。你的镜像包含哪些操作系统？如果你有 Scala 服务，JVM

是如何安装和配置的？你从哪里获取依赖项？当你对服务进行更改时，镜像的哪些部分来自以前构建的层，哪些部分来自必须重新构建的层？你能否判断应用程序在容器构建中得以正确构建？如何在容器中启动应用程序？

7.6 本章小结

- 模型甚至整个训练管道都可以被持久化，供以后使用。
- 微服务是一种简单的服务，职责非常狭窄。
- 模型作为纯函数，可以封装到微服务中。
- 仅仅通过消息传递进行通信，就能控制预测服务的失败了。
- 可以使用 actor 层次结构来确保服务中的按压弹性。
- 应用程序可以使用 Docker 等工具进行容器化。

模型发布的完整过程看起来与重用你刚刚在 REPL(如 Spark shell)中学习的模型有很大不同。你在本章中学到的工具和技术将允许你在各种复杂的实时系统中使用机器学习模型，这是第 8 章要讨论的主题。

第 8 章

响应

本章包括：

- 使用模型来响应用户请求
- 管理容器化服务
- 为失败而设计

现在我们来看看机器学习系统的最后一个组成部分，它负责使用模型来响应用户请求，并对现实世界采取行动(参见图 8.1)。在上一章中，我们开始以更实际的方式使用模型，而不仅仅是在笔记本电脑上玩模型。我们采用的方法包括构建封装模型的预测性微服务，然后将这些微服务放入容器中。本章继续使用这种方法，在系统中使用容器化的预测服务，这些服务被公开给实际的预测请求。

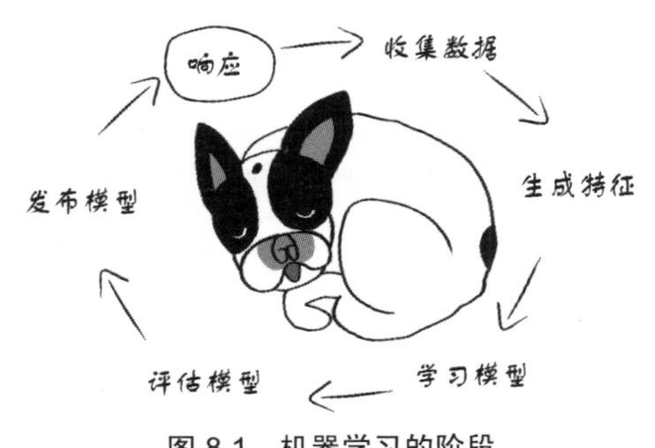

图 8.1　机器学习的阶段

在现实世界中使用模型是很困难的。要了解在现实世界中使用模型的所有复杂性，我们需要从安静的农场搬到喧嚣的大城市。我们将考虑这座城市中动作最快的动物：海龟。

8.1　以海龟的速度移动

整个动物王国最成功的创业公司之一是海龟出租车公司 Turtle Taxi，他们采用了一种技术成熟的出租车商业模式。在许多主要城市，他们已经在很大程度上取代了像北美驯鹿出租车公司 Caribou Cabs 这样的传统运输业务。

他们获得成功的部分原因在于其用户友好的移动应用程序，该程序允许乘客随时随地呼叫出租车。但他们成功的一个不太明显的原因是机器学习。海龟出租车公司雇用了一支由一大批数据科学家和工程师(包括你在内)组成的大型团队，他们对交通基础设施进行了复杂的在线优化。与城市公交车或铁路系统相比，海龟出租车车队是一个更难管理的系统。由于驾驶员没有固定的时间表并且可以随时开车，因此可为客户提供服务的车队总是在变化。同样，客户选择在需要时随时乘坐，因此没有像传统公共交通系统那样的静态时刻表。

这种高度动态的环境给海龟出租车公司的数据团队带来了巨大的挑战。他们需要回答很多重要的业务问题，包括以下内容：

- 路上有足够的司机接单吗？
- 哪个司机应该服务哪个订单？
- 乘车的价格应根据需求上下浮动吗？
- 客户得到的服务质量如何？
- 司机是否在正确的地点接单？

海龟出租车的数据团队花费了大量的时间和精力确保他们的机器学习系统具有反应性。他们学习了很多模型来帮助系统自主决定所有这些复杂的业务问题，他们的架构可以帮助他们实时大规模地使用这些模型。我们将从该架构的简化视图开始，在本章的后面部分将讨论一些更复杂的现实问题。

8.2　用任务构建服务

在前面的章节中，你已经看到了各种用于构建不同类型服务的技术和工具。特别是在第 7 章，你使用 Akka HTTP(Akka 工具包的一个组件)来构建服务。尽管 Akka HTTP 是许多应用程序的绝佳选择，但本章还将介绍一种用于构建服务的替代库，称为 http4s。

Akka HTTP 是使用并发的 actor 模型开发的，而 http4s 提供的编程模型更多地受到函数式编程的影响。两种设计理念之间的主要区别在于用户 API。使用

http4s 时，不使用 actor 或为 actor 系统设置执行上下文。http4s 是 Typelevel 项目(http://typelevel.org)系列的一部分，并在实现中使用了其中的许多其他库。你可以使用 http4s 构建非常复杂的服务，但是你在此处使用它主要是因为它很简单。

在探索如何使用 http4s 构建服务之前，我们应该研究一个新的概念：任务。任务与 future 相关，但它是一种更复杂的结构，允许你对失败和超时之类的事情进行推理。由于它们与 JVM 提供的底层并发工具之间的交互方式，任务的实现和使用也比标准的 Scala future 更高效。特别是，通过任务，你可以表达你可能永远不会执行的计算。本节将向你展示如何在程序中使用此功能。

本章中任务的实现来自流行的 scalaz 项目。对于那些不熟悉 scalaz 的人来说，这是一个专注于在 Scala 中提供高级函数编程功能的项目，类似于 Typelevel 项目系列的目标。遗憾的是，scalaz 的任务执行情况很难记录，因此我将为你提供在此处使用它所需的基本信息。

注意　任务和 future 一样，也是一种强大的并发抽象，可以通过各种不同的方式实现。Monix(https://monix.io)也来自 Typelevel 项目系列，是任务概念的替代实现。

就像 future 一样，任务允许你执行异步计算，但是默认情况下，future 是积极的，而不是有延迟的。在这种情况下，积极的意味着立即开始执行。假设这些 future 具有延迟性是一种常见且合乎逻辑的错误，那么尽管它们是异步的，但它们实际上还是积极的。它们会立即开始执行，即使你可能希望延迟执行操作。代码清单 8.1 演示了这种有时不受欢迎的属性。在代码清单 8.1 和代码清单 8.2 中，假设 doStuff 执行的是昂贵的、长时间运行的计算，你只希望在准备触发它时才触发它。

代码清单 8.1　积极的 future

```
import scala.concurrent.ExecutionContext.Implicits.global
import scala.concurrent.Future

def doStuff(source: String) = println(s"Doing $source stuff")

val futureVersion = Future(doStuff("Future"))
Thread.sleep(1000)

println("After Future instantiation")
```

导入要用于 future 的执行上下文

定义用来展示你所工作的函数

实例化一个 future(并开始工作)

等待 1 秒，以显示前一行已开始执行

表明下一行代码只有在 future 的工作提交执行后才会执行

如果在控制台上执行上述代码，应该看到如下输出：

```
Doing Future stuff
After Future instantiation
```

有时这个属性不是问题，但有时也是问题。例如，如果希望为服务获取的所有请求定义长时间运行的计算，但只运行 1%的时间，那么它会让你的服务做一百倍于你想要做的工作。在有许多模型可供预测的系统中，你可能只希望对任何给定模型的一小部分符合条件的请求执行预测。如果有另一个选项能不做你不希望系统做的工作，那就太好了。

代码清单 8.2 显示了任务与 future 的行为方式存在哪些区别。

代码清单 8.2　延迟任务

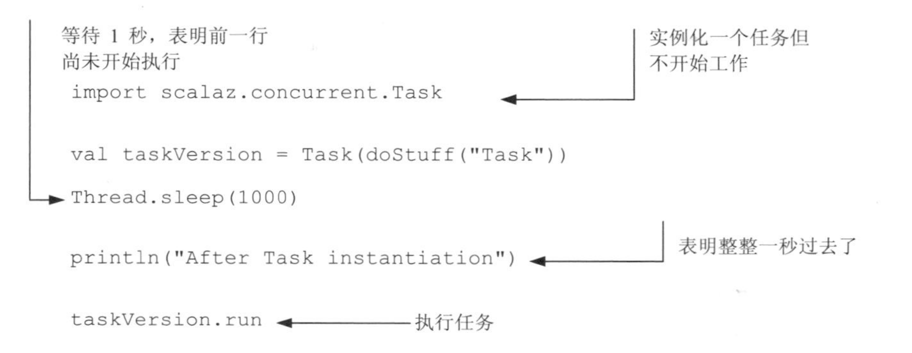


```
import scalaz.concurrent.Task

val taskVersion = Task(doStuff("Task"))

Thread.sleep(1000)

println("After Task instantiation")

taskVersion.run
```

与代码清单 8.1 相比，上述代码(如果执行的话)应生成如下输出：

```
After Task instantiation
Doing Task stuff
```

现在，你可以控制何时工作以及是否像长时间运行的计算一样工作。这显然是任务的一个强大功能，它是任务的许多其他高级功能的基础，例如可取消性。当你使用 http4s 构建服务时，你不需要了解太多关于任务的知识，但了解库的性能属性的基础是有帮助的。

任务只是 http4s 为构建高性能服务提供的功能之一。该库还使用 scalaz 流来处理任意规模的数据。

这只是使用这些库能做的事情的一小部分，但是对于开始构建预测性服务来说，这已经足够了。

8.3　预测交通

现在已经介绍了这些工具，让我们回过头来解决这个问题。我们尤其需要关注的是出租车驾驶员与乘客匹配的问题。海龟出租车的数据团队使用机器学习来预测成功的驾驶员-乘客匹配。对于给定的乘客，他们的系统将尝试从一组可用的驾驶员中预测乘客最可能喜欢的驾驶员(根据移动应用程序中的驾驶员评级记录)。本节将介绍如何创建一个服务以预测驾驶员-乘客匹配成功的问题。

首先，你需要创建一些模型以备使用。因为前面的章节已经介绍了几种生成机器学习模型的不同方法，所以此处不再赘述。要构建本章所需的架构，你可以使用简单的存根(假)模型。

海龟出租车的数据团队使用了很多模型，因此你将从一开始就为多个模型构建支持。如第 5 章所述，组合使用多个模型称为集成。在本节中，你将做一些与集成有点不同的事情。你将对任何给定的预测请求使用其中的一个模型，而不是组合使用模型。正如你在前面的章节中看到的那样，真实世界的机器学习系统以多种不同的方式使用模型。像海龟出租车这样的大数据团队经常为不同目的生产许多模型。这些模型可能具有不同的优缺点，团队通过使用模型来确定它们。对不同建模技术的实验是机器学习过程的重要部分。海龟出租车的数据团队已经构建了系统，允许他们在产品中测试不同的学习模型，因此我们将在此处估算实现。特别是，你将构建一个简单的模型实验系统，该系统将一些流量发送到一个模型，再将一些流量发送到另一个模型，以评估模型性能。图 8.2 显示了要构建的简单形式。

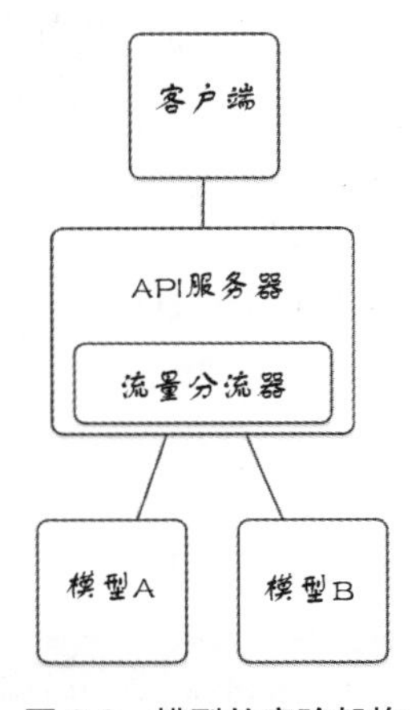

图 8.2　模型的实验架构

代码清单 8.3 显示了如何创建两个能预测 true 或 false 的可结构化为服务的简单存根模型。它们代表驾驶员-乘客匹配成功的两种不同模型。

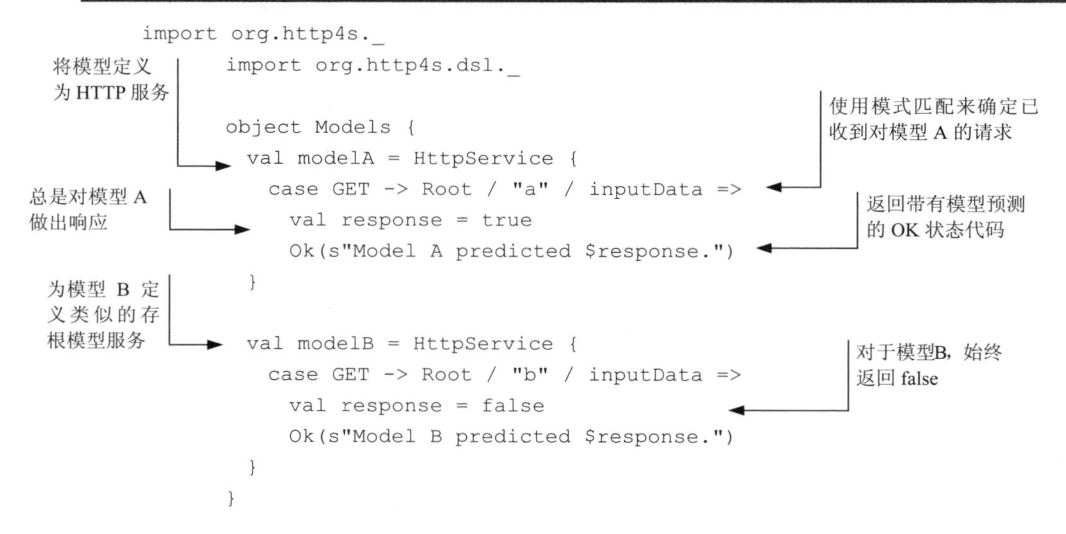

请注意，这些模型是作为 HTTP 服务构造的。一旦完成所有必要的基础设施的构建，它们就可以通过能够在网络上发送 HTTP 的任何客户端(例如，本地计算机)独立访问它们。

虽然你还没有完成将这些模型公开为服务所需的一切工作，但让我们开始详细了解你希望如何调用这些服务。出于开发的目的，我们假设你在端口 8080 上从本地计算机(localhost)提供所有预测功能。让我们在名为 models 的路径下使用给定模型的名称命名所有模型。

使用这些假设，你可以创建一些客户端辅助函数，以从系统的其他部分调用模型。需要注意的是，在同一个项目的 Scala 中定义客户端功能纯粹是为了方便。因为你将这些服务构建为可通过网络访问的 HTTP 服务，所以其他客户端可以很容易地成为使用 Swift 或 Java 实现的移动应用程序，也可以是使用 JavaScript 实现的 Web 前端。代码清单 8.4 中的客户端功能是成功匹配预测功能的使用者的一个示例。

代码清单 8.4 预测客户端

```
import org.http4s.Uri
import org.http4s.client.blaze.PooledHttp1Client

object Client {

  val client = Pool  edHttp1Client()
```

创建一个包含客户端辅助函数的对象

实例化 HTTP 客户端以调用建模服务

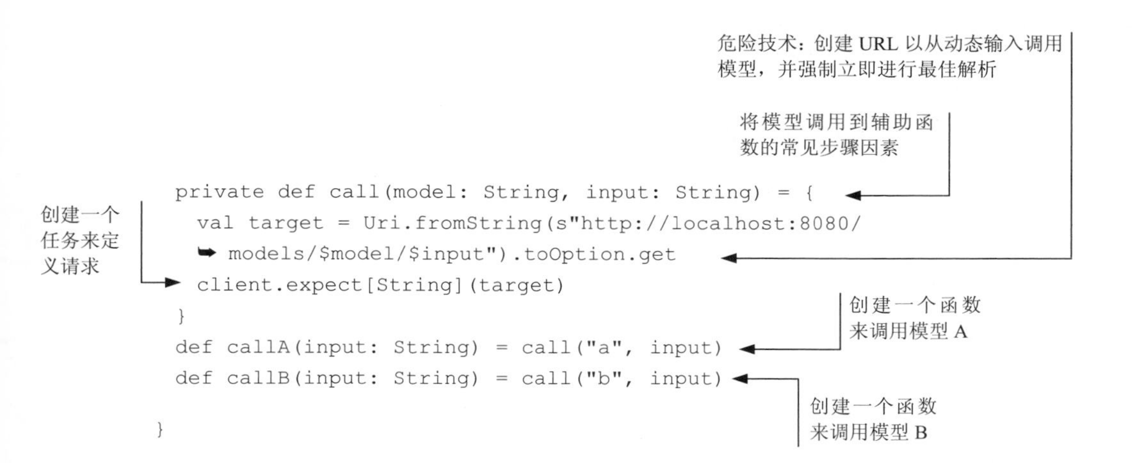

在代码清单 8.6 中使用.toOption.get 并不是好的风格，此处使用是为了便于开发。在 http4s 中实现 URI 构建功能，能使动态生成的值(如模型名称和输入数据)更安全一些。上述代码的未来重构版本可以专注于更复杂的错误处理或使用静态定义的路由，但是现在需要接收可能会抛出错误的不可处理的输入。

你希望公开一个公共的 API，该 API 提取你在任何给定时间内可能已向服务器发布的模型数量。现在，海龟希望模型 A 接收 40%的预测请求，模型 B 接收剩余的 60%。这是他们在模型 A 显示出更好的性能之前，对模型 B 做出的随意选择。你将使用简单的划分函数进行编码，以根据输入数据的哈希编码划分流量，类似于第 6 章中划分数据的方式。代码清单 8.5 显示了此哈希函数的实现。

代码清单 8.5　拆分预测请求

基于输入的流量划分函数

```
def splitTraffic(data: String) = {
  data.hashCode % 10 match {
    case x if x < 4 => Client.callA(data)
    case _ => Client.callB(data)
  }
}
```

对输入进行哈希计算并获取模数以确定要使用的模型

在其余情况下使用模型 B

使用模式匹配在 40%的时间内选择模型 A

如果部署了更多模型，则可以根据部署的模型总数和应接收的流量将此方法扩展为更动态的方法。

现在你已经拥有了这些部件，你可以将它们全部组合到一个统一的模型服务中，参见代码清单。在这种情况下，你将公共 API 定义为位于名为 api 的路径下，而将预测功能定义为位于 api 的预测路径下。

代码清单 8.6 一个模型服务

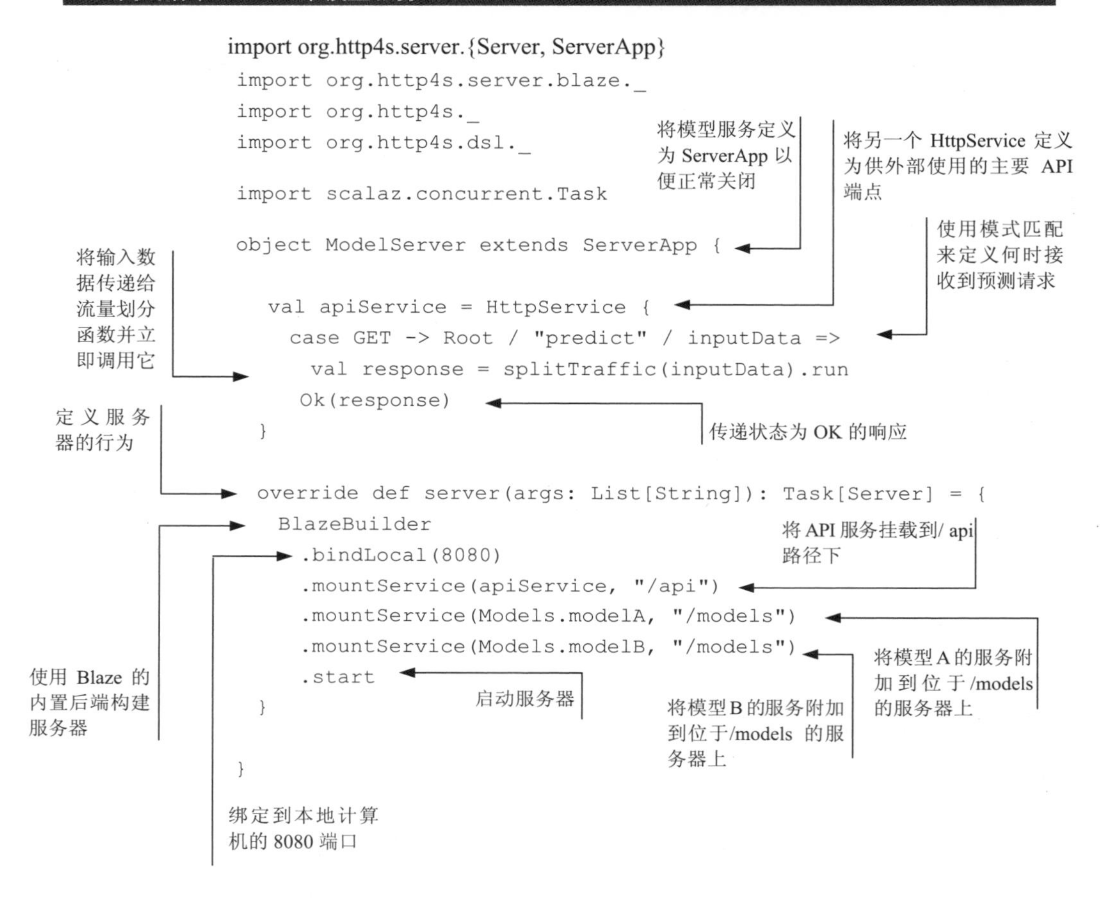

现在，你可以看到你的模型服务器正在运行，如果你已经定义了构建应用程序的方法，那么你可以构建并运行它了。

有关如何为此应用程序设置构建的示例，请参阅本书的在线资源(www.manning.com/books/reactive-machine-learning-systems 或 https://github.com/jeffreyksmithjr/reactivemachine-learning-systems)。一旦应用程序构建完毕，就可以发出 sbt run 命令，启动服务并绑定到本地计算机的 8080 端口上。

你可以使用标准 Web 浏览器测试服务，并使用各种端点访问 API 端点。例如，如果字符串 abc 表示服务的有效特征向量，那么单击 http://localhost:8080/api/predict/abc 会从模型 B 的预测中产生不匹配预测。

回顾刚刚构建的内容，你会看到一些有用的功能。这种架构有一种处理多个模型的简单方法。此外，通过启动模型服务的更多实例并将它们置于负载均衡器之后，你至少应该能够获得一些弹性，这一点非常明显。

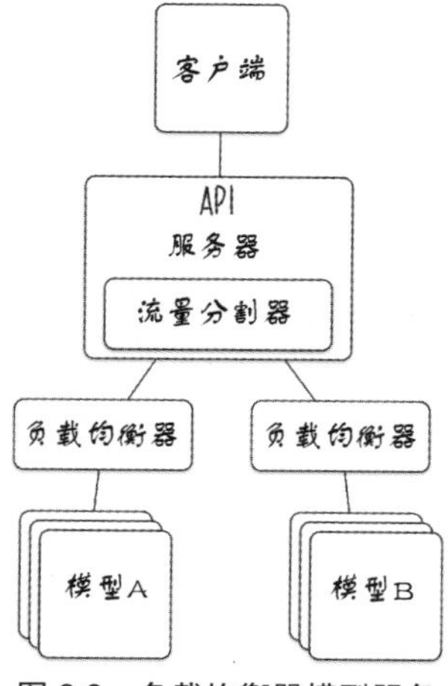

图 8.3　负载均衡器模型服务

你可以在图 8.3 中看到这种架构的草图。这是一个不错的方法，但它仍然缺乏一些现实性。海龟十分坚韧，它们知道如何为生活可能给它们带来的最坏情况做准备。让我们看看它们是如何强化机器学习系统的。

8.4　处理失败

正如你在本书中多次看到的那样，事情总是会失败。无论是穿山甲、青蛙还是普通的旧数据库，任何事情运行起来都会出错。

模型服务也不例外。通过拆分系统的不同组件，你可以获得一些很好的属性，例如容器和监督组件的能力。但是，当前的实现仍然容易受到失败的影响。

让我们来看看如何通过构建一个在半数时间里都失败的模型来处理失败，这应该能给你很多机会来应对失败。代码清单 8.9 是另一个简化的存根模型，就像你之前构建的那样，但有一个重要区别：它将所有请求的一半视为错误请求，并且无法返回预测。

代码清单 8.7　不可靠的模型

```
import scala.util.Random
val modelC = HttpService {                              <-- 为模型 C 创建一个 HttpService
  case GET -> Root / "c" / inputData => {               <-- 定义与其他模型相同的 GET 端点
    val workingOk = Random.nextBoolean()                <-- 使用随机布尔值模拟偶然的失败

当服务工作时，总是预测为真
    val response = true
```

```
  if (workingOk) {
    Ok(s"Model C predicted $response.")
  } else {
    BadRequest("Model C failed to predict.")
  }
 }
}
```

返回正常的成功预测

无法预测，返回 BadRequest 状态代码

确定服务处于工作状态还是非工作状态

这个令人恼火的不可靠模型很好地替代了系统中可能出现的实际故障，那么如何处理这种故障的可能性呢?正如你在第 2 章和第 3 章中所看到的，你可以使用监视层次结构将失败的可能性构建到系统中。

代码清单 8.8 将通过调整调用模型服务的方式来开始这种重构。

代码清单 8.8 重构的调用服务

```
private def call(model: String, input: String): Task[Response] = {
  val target = Uri.fromString(
    shttp://localhost:8080/models/$model/$input
    ).toOption.get
  client(target)
}

def callC(input: String) = call("c", input)
```

重新定义了流量分流函数

使用客户端调用目标并返回 Task[Response]

定义一个用于调用模型 C 的辅助函数

在重构之后，对服务的调用将返回一个 Task[Response]。我认为这种方法对于你正在做的工作更为直接。具体来说，这个新的类型签名编码了如下知识：这个调用需要花费时间去进行，而且这个调用将返回一个 Response，尽管这可能不是一个成功的响应。

接下来，让我们看看如何处理顶层失败的可能性。以前，你只有一个 ModelServer，它的工作只是处理从请求到模型之间数据的传递。随着这些变化，你将开始构建一个模型监督器，它是一个具有层级职责的模型，用以决定在出现不良后果时应采取何种措施，参见代码清单 8.9。在此上下文中，你希望识别模型何时失败，并将有关故障的所有消息传递回用户。这是一种设计选择。在其他情况下，你可能希望执行不同的操作，例如返回默认响应。关键是你现在可以显式地处理失败并做出决定，即在源代码中决定如何处理它。

代码清单 8.9 模型监督器知道故障模式

```
import org.http4s.server.{Server, ServerApp}
import org.http4s.server.blaze._
import org.http4s._
```

```
import org.http4s.dsl._

import scalaz.concurrent.Task

object ModelSupervisor extends ServerApp {

  def splitTraffic(data: String) = {
    data.hashCode % 10 match {
      case x if x < 4 => Client.callA(data)
      case x if x < 6 => Client.callB(data)
      case _ => Client.callC(data)
    }
  }

  val apiService = HttpService {
    case GET -> Root / "predict" / inputData =>
      val response = splitTraffic(inputData).run

      response match {
        case r: Response if r.status == Ok =>
        ➥ Response(Ok).withBody(r.bodyAsText)
        case r => Response(BadRequest).withBody(r.bodyAsText)
      }
  }

  override def server(args: List[String]): Task[Server] = {
    BlazeBuilder
      bindLocal(8080)
      .mountService(apiService, "/api")
      .mountService(Models.modelA, "/models")
      .mountService(Models.modelB, "/models")

        .mountService(Models.modelC, "/models")
        .start
    }
}
```

重新定义了流量分流函数

将最后 40%的流量分配给模型 C

在调用服务的结果上进行模式匹配

返回成功的响应，将模型的预测作为响应的主体

返回失败的响应，并将失败消息作为响应的主体

将模型 C 添加到正提供服务的服务中

同样，你可以在定义如何处理失败的 case 子句中选择任何操作，因为现在可以通过监督结构进行显式控制。

现在让我们看看这个结构是如何工作的。为了进行下一阶段的测试，建议停止编写 Scala 代码，而是使用命令行实用程序。具体来说，让我们使用 cURL，这是一个有用的开源工具，你可能已经在系统中安装了该工具(假设使用的是 macOS 或 Linux)。如果使用的是 Windows，则可能需要从 cURL 网站(https://curl.haxx.se)下载最新版本。

有了 cURL，就可以像以前使用 Web 浏览器一样将数据发送到 API 服务器和

模型服务。使用 cURL 的优点是，可以围绕如何与服务器端应用程序交互，以及如何检查结果来设置更多选项。在以下示例中，你将使用-i 选项检查从服务返回的 HTTP 标头。

代码清单 8.10 介绍了如何通过调用映射到其正常行为的模型的 API 端点来使用 cURL。

代码清单 8.10　一个成功的响应

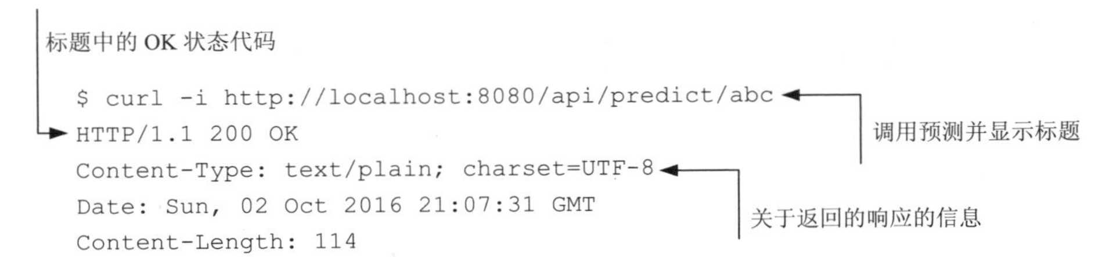


```
Model B predicted false.
```

（模型 B 的预测）

以上代码运行后一切都正常，但如果使用周期性不可靠的模型 C，会怎样呢？在某些情况下，具体表现参见代码清单 8.11。

代码清单 8.11　可能的成功响应

```
$ curl -i http://localhost:8080/api/predict/abe
HTTP/1.1 200 OK
Content-Type: text/plain; charset=UTF-8
Date: Sun, 02 Oct 2016 21:12:32 GMT
Transfer-Encoding: chunked
Model C predicted true.
```

（成功响应；调用不同的预测，映射到不同的模型；模型 C 的预测）

一切都很正常，你会看到期望看到的结果。但是，你也可能看到失败的请求，参见代码清单 8.12。

代码清单 8.12　可能的失败响应

```
$ curl -i http://localhost:8080/api/predict/abe
HTTP/1.1 400 Bad Request
Content-Type: text/plain; charset=UTF-8
Date: Sun, 02 Oct 2016 21:27:33 GMT
Transfer-Encoding: chunked

Model C failed to predict.
```

（调用不同的预测，映射到不同的模型；失败消息）

不出所料，有时候模型 C 的工作会彻底失败。这对于开出租车的海龟来说是个坏消息。这种预测失败可能会对系统的其余部分产生非常不利的影响，具体取决于调用者的实现方式。最糟糕的是，这次失败可能会导致乘客与驾驶员匹配的整个过程失败，这可能意味着造成经济损失。

然而，这种失败，就像许多现实世界中的失败一样，是短暂的。该模型并不总是无法预测。当它确实返回预测时，你没有理由不使用它。该模型应该是一个纯的、无状态函数。你仍然可以构建一个能适应失败可能性的解决方案，只是需要花费更多的精力。一种可能的解决方案如代码清单 8.13 所示，其中设置了重试逻辑。

代码清单 8.13　添加对模型调用的重试

```
private def call(model: String, input: String) = {
 val target = Uri.fromString(s"http://localhost:8080/
 ➥ models/$model/$input").toOption.get
 client(target).retry(Seq(1 second), {_ => true})
}
```

在所有故障发生 1 秒后进行重试

使用这种方法，重试一次就能立即将故障率减半。对于虚拟不可靠模型，该重试策略可以逐渐地接近完全可靠。

8.5　构建响应系统

本章介绍了使用模型来对机器学习系统外的用户请求做出响应的一些策略。我试图让事情变得非常接近现实以达到可应用的程度，包括复杂的模型和失败的可能性。不管你信不信，真正的海龟出租车机器学习系统比这更复杂。它拥有数百万用户，在给定的时间内活跃着成千上万用户。乘客需要在几秒内联系到他们所在地区的可用驾驶员，并在几分钟内完成对接；否则，海龟出租车业务将陷入停顿并失败。为了满足所有这些苛刻的实际需求，团队设计的真实架构看起来如图 8.4 所示。

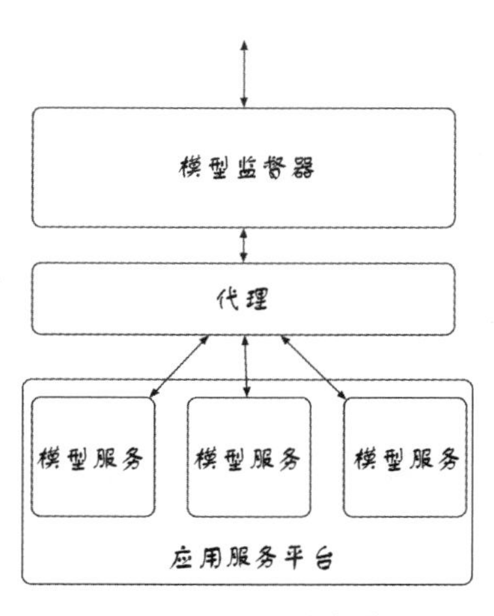

图 8.4　模型服务架构

正如你在本章中实现的那样，所有模型都是单独的服务，而每种服务都以是某种形式独立打包的。Docker 是一种常见的选择，使用了你在上一章中探讨的技术。但是 JVM 还包含一种封装构建 JAR 的方法，可以在某些应用程序服务平台上使用。你在第 7 章使用了一些 JAR，在第 9 章，你将更具体地使用它们来进行工作。

每一个模型服务都托管在我所说的应用服务平台上，但当它专注于使用 Docker 或其他形式的容器时，我们有时也称之为容器编排平台。Maraton(https://mesosphere.github.io/marathon)和 Kubernetes(http://kubernetes.io)就是这样的平台，两者都是开源软件；Amazon 的 EC2 容器服务(https://aws.amazon.com/ecs)、Microsoft 的 Azure 容器服务(https://azure.microsoft.com/en-us/services/container-service)以及 Kubernetes 引擎(https://cloud.google.com/kubernetes-engine)都是云托管服务。这些解决方案的一个关键点在于，它们允许托管打包的应用程序，并使用某些界面来管理它们。它们都将任意一个应用程序使用的资源与所有其他应用程序隔离开来，从而提供一定程度的内在隔离，进而限制错误传播等问题的可能性。

正如你在本章中看到的，一旦有可供使用的模型，就有很多问题需要弄清楚。前面的图 8.4 显示了你在本章中作为模型监督器所使用的许多功能。它还清楚地表明，你在本章中使用 Scala 实现的许多网络组件通常由另一个组件处理，该组件称为代理。代理的作用纯粹是将预测请求路由到应该为其提供服务的特定服务上。可以承担此角色的应用程序示例有 NGINX(www.nginx.com)和 HAProxy(www.haproxy.org)。实际上，许多面向容器的平台也可以处理一定程度的网络复杂性。请注意，模型监督器和代理原则上都可以托管在与模型服务相同的应用程序服务平台上。无论如何实现，组件的任务都是相同的：为模型监督器提供管理模型和发送给它们的流量的能力。像这样的架构实现起来并不容易。通常情况下，你需要一支由聪明的海龟组成的团队来支撑所有这些组件，让它们有效地协同工作。

你可以从本章中已实现的简化设计逐步构建更复杂的方法，但是反应式设计的基本原则保持不变。

8.6 反应性

- 使用任务构建数据转换管道。现在你已经看到了它们的实际应用，你可能会对使用任务做更多的事情感兴趣。任务的一个逻辑用例是计算密集型数据转换管道。这种管道在机器学习中很常见，特别是(但不唯一)在特征生成管道中。关于任务的一个好处是它们能够以各种方式组合，然后并发运行。你可以尝试在管道中实现诸如 y 形操作图之类的操作，其中两个相关步骤必须在第三个步骤开始之前同时执行。

  如果你想深入了解管道的行为，请尝试通过错误数据或其他一些技术将错误引入其中一个步骤：

  - 当遇到错误输入时，你的管道如何反应？
  - 那是你想要的行为吗？
  - 如果没有，你怎么才能改变它？

- 将容器化服务部署到应用程序服务平台。如果一直在阅读本书，那么你应该拥有一个构建在容器内的服务。容器的好处在于它们是可移植的，因此应该在某个地方部署该服务。相当多的不同云供应商提供了容器托管服务，通常初始使用时免费(有关选项，请参阅 8.5 节)。你还可以选择将容器部署到你自己托管的应用程序服务平台。这有点复杂，但是如果办公室的 Mesos 集群上碰巧已经有类似 Marathon 的东西，那么也可以使用其中一个选项。

  一旦部署了这项服务，就可以考虑持续运营它可能意味着什么的问题了：

  - 如果对服务的请求急剧增加，会发生什么？
  - 你怎么知道部署的服务正在做它应该做的事情？
  - 如何回滚到以前版本的服务？
  - 如果应用程序服务平台的某个底层服务器消失了，你的服务会发生什么？(如果不知道答案，那么总是可以向你控制的服务器发送关机命令，看看会发生什么！)

8.7　本章小结

- 任务是用于构造昂贵计算的非常有用的延迟原语。
- 将模型结构化为服务能使弹性体系结构更容易构建。
- 失效模型服务可由模型监督器处理。
- 容器和监督的原则可以应用于系统设计的多个层面，以确保反应性。

这是本书的第 II 部分。在第III部分，我们将探讨与保持机器学习系统运行、更改和扩展相关的一些更高级问题。

第Ⅲ部分

操作机器学习系统

虽然本书的一部分集中于拥有完整的机器学习系统这一点上，但第III部分是关于接下来会发生什么的内容。在对机器学习系统进行操作的整个生命周期中，必须完成各种各样的工作，以使你能够更改和改进系统。

第 9 章深入探讨如何构建和部署机器学习系统的内容。它涵盖最好的开发实践，这些开发实践的目标是实现其他类型的软件应用程序的各种操作，并将它们应用于反应式机器学习系统的独特职责。

第 10 章介绍如何逐步提高系统的智能，介绍人工智能平台的深远抱负。该章提出了本书对如何设计系统的最广泛观点。我们鼓励你以这种开阔的视野思考作为反应式机器学习系统的架构师所要开发的这些技术。

第 9 章

交付

本章包括:

- 使用 sbt 构建 Scala 代码
- 评估应用程序
- 部署策略

现在你已经了解了机器学习系统的所有组件是如何协同工作的，现在是时候考虑一些系统级的挑战了。在本章中，我们将探讨如何提供一个机器学习系统，供系统的最终客户使用。我们将用于此挑战的方法称为持续交付。持续交付背后的思想是在机器学习环境之外发展起来的，但正如你将看到的，它们完全适用于使机器学习具有反应性的挑战。

通过构建和部署新代码的常规周期，持续交付实践者力图快速交付新的功能单元。采用这种方法的团队通常会在保持用户满意的同时快速行动。持续交付技术提供了允许团队实现这些竞争目标的策略。考虑到你已经看到的机器学习系统失败的所有方式，我们希望你能够清楚地认识到，在这些系统中保持一致的行为是很困难的。不确定性在机器学习系统中是普遍存在的。

9.1 运送水果

在本章中，你将加入的团队由整个丛林中那些以客户为中心、最富有同情心的动物组成：大猩猩。丛林果汁盒(Jungle Juice Box，JJB)是一家灵长类动物创业公司，面向那些喜欢在家里自制水果冰沙的动物(参见图 9.1)。每个月，JJB 的订阅者都会收到一盒新鲜水果，这是根据水果的时令和顾客的偏好分别为它们挑选的。

图 9.1　JJB 公司

与今天的大多数创业公司一样，JJB 公司的大猩猩使用复杂的数据技术来满足他们的客户。特别是，他们定期收集所有订阅用户的反馈评级，以便可以使用机器学习为每个订阅用户提供独特的水果。涉及水果选择的系统部分的架构如图 9.2 所示。

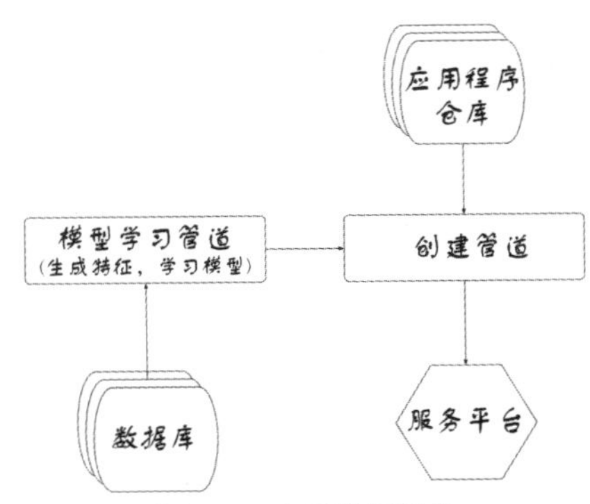

图 9.2　水果选择架构

做出水果选择的以往订阅用户的评级被存储在数据库中，用以产生训练实例的特征和概念标签，然后从模型学习管道的那些实例中学习模型。这些模型包含在构建管道的较大应用程序的构建中。构建管道生成一个构件，然后将其部署到应用程序服务平台上的产品系统中，用于实时的水果选择决策。从本书的第 II 部分开始，这些内容看起来应该比较熟悉。本章重点介绍系统的关键部分，在此部分将评估新模型并做出部署决策，即在 JJB 系统中构建和部署管道。

9.2　构建和打包

针对这部分内容，我们不着急马上往下介绍，先来研究一下构建代码是什么意思。在本书中，你主要使用 Scala 来构建应用程序，而 Scala 是运行在 Java 虚拟机(JVM)上的，因此，你的源代码文件需要编译为二进制代码以便在 JVM 上运行，但通常你需要做的不仅仅是编译代码。有时，还会有资源文件，例如你在第 7 章中生成的 Parquet 和 JSON 模型文件。这些其他类型的素材也是运行代码所必需的部分，即使它们是由 scalac 编译器直接输出的。通常，你所需要做的就是确保这些文件可以与其余代码一起传递。这个过程通常称为打包。

第 7 章演示了使用 Docker 容器进行打包的一种强大方法。但是，也可以采取其他方法来打包应用程序。无论什么方法，只要能让你的应用程序对所有可执行代码和必要资源进行分组，就都是潜在的可行选项。

因为 JJB 的大猩猩在 Scala 中构建它们的机器学习系统，所以它们使用 JVM 生态系统中的打包方法：构建 JAR 包。如第 7 章所述，JAR 是已编译过的 JVM 代码和相关资源的归档文件。使用 Scala 时，可以通过多种方式生成 JAR。Jungle Juicers 使用一种从 sbt 执行的方法，并依赖于插件来扩展 sbt 的生成可部署构件的能力。

Jungle Juicers 分发应用程序的可执行版本的方式，是在包含应用程序所需的所有必需依赖项(库)的 JAR 包中进行的。这种打包方式产生的构件有时被称为胖 JAR，这意味着里面包含了执行环境可能提供的所有依赖项。选择这种方法是因为该方法简化了分发和执行应用程序的某些方面。

首先，你需要将 sbt-assembly 插件添加到项目中，参见代码清单 9.1。在你的项目中，创建一个名为 project 的目录和一个名为 assembly.sbt 的文件。该文件应包含添加 sbt-assembly 插件的说明。

代码清单 9.1 添加 sbt-assembly 插件

```
addSbtPlugin("com.eed3si9n" % "sbt-assembly" % "0.14.3")
```

然后，你需要定义一个 sbt 构建，如代码清单 9.2 所示，其中显示了 JJB 团队如何设置构建。

代码清单 9.2 一个 sbt 构建

```
lazy val http4sVersion = "0.14.6"

libraryDependencies ++= Seq(          // 定义依赖项
  "org.http4s" %% "http4s-dsl" % http4sVersion,
  "org.http4s" %% "http4s-blaze-server" % http4sVersion,
  "org.http4s" %% "http4s-blaze-client" % http4sVersion,
  "org.http4s" %% "http4s-argonaut" % http4sVersion
)

mainClass in Compile := Some
➥ ("com.reactivemachinelearning.ModelServer")   // 设置要在归档文件运行时执行的主类
```

如果已经正确完成了所有这些工作，现在就可以通过发出命令 sbt assembly 来构建项目。该命令将生成一个包含所有代码和资源的 JAR，以及代码所需的所有依赖项。装配任务(assembly task)将告诉你这个 JAR 的位置，并显示类似于下面这样的消息：Packaging /your app/target/scala-2.11/ your-app-assembly-1.0.jar ....。这个归档文件现在可以传递给任何可以运行 JVM 代码的执行环境。

9.3　构建管道

构建并打包只是真实世界中构建管道(如 Jungle Juice Box 中的管道)的多个可能执行步骤之一。在他们的管道中，他们需要获取代码、构建代码、测试代码和打包代码，并发布生成的构件。管道还必须在已安装必要软件的某种构建服务器上执行，例如 Git 和 sbt。管道还期望执行环境中存在某些环境变量。有关环境变量使用的更多信息，请参阅第 4 章中的内容。最后，管道假定自己是在类 UNIX 环境(例如，Ubuntu Linux)中执行的。代码清单 9.3 显示了 shell 脚本中如何将所有这些功能组合为管道的近似情况。

代码清单 9.3　构建管道

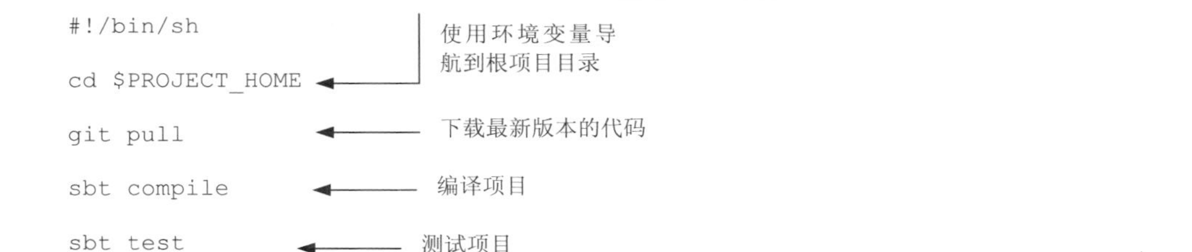


```
#!/bin/sh

cd $PROJECT_HOME

git pull

sbt compile

sbt test

sbt assembly

rsync -a $PROJECT_HOME/target/scala-2.11/fruit-picker-assembly-1.0.jar \
   username@artifact_server:~/jars/fruit-picker/$VERSION_NUMBER
```

需要明确的是，这是构建管道的简化版本。请注意，调用 sbt test 本身会触发编译，从而无须执行 sbt 编译步骤。显示这两个步骤只是为了清楚说明该过程中的步骤。使用 rsync(一种用于在远程服务器等位置之间复制数据的 UNIX 实用程序)是一种简单的方法。这个发布步骤使用目录结构和名称来组织应用程序的不同版本的不同构件，而不是使用更复杂的技术，例如发布到 Maven 存储库。如果你非常了解构建管道的内容，那么这些看起来可能会显得过于简单，但即使这样的简单构建管道也可以作为示例。

首先，你有一个保留下来用于评估应用程序的步骤，即测试步骤。这是放置任何评估模型测试的绝佳位置，类似于你在第 6 章中看到的技术。如果这些测试中的任何一个环节失败，构建管道都将停止而不发布应用程序。其次，你只是在管道的末端发布。如前所述，你可以使用新的构件，但不会立即更改正在运行的应用程序的状态。恰恰相反，你将决策权留给了另一个系统组件。

9.4　评估模型

现在你已经建立了构建管道的最小版本，让我们考虑一下应该如何在管道中做出决策。在第 6 章中，你学习了如何评估模型并确定是否应该使用它们。现在，你可以在构建和部署机器学习系统组件的更大任务中发挥这些技能。

像大多数机器学习团队的成员一样，Jungle Juicers 不想部署那些有问题的功能。在他们的案例中，这会导致非常糟糕的后果：没有预测到他们的订阅用户想要哪种水果。所以，他们已经开发了一系列安全机制，旨在保持他们的机器学习系统的稳定性。部署过程中的模型评估步骤就是这些机制之一。

在此步骤中，模型在部署之前，将被验证是否优于某些标准。如果模型通过测试，那么应用程序可在产品中使用。如果没有通过，则不应使用此版本的应用程序，也不应该更新产品系统。

在第 6 章中，我展示了如何评估一个模型相对于随机模型的性能。这不是确定模型在产品系统中是否可用的唯一方法。表 9.1 显示了一些备选方案的优缺点。

表 9.1　模型部署标准

标准	优点	缺点
优于随机模型	不太可能拒绝有用的模型	性能低下
优于某些固定值	可以设计为符合业务要求	需要一个任意参数
优于之前的模型	保证单调递增的性能	需要准确了解先前模型在部署后的性能

在 Jungle Juice Box 的示例中，他们计划使用固定值(即 90%的精确度)来确定是否应该部署一个学习模型。90%的选择是任意的，但该值与他们的直觉(即模型所映射的订阅用户对所推荐水果的满意度)是匹配的。缺点在于，手动执行评估并检查每个学习模型的这些值会是一个非常费力的过程，因此让我们看看如何将此步骤集成到更自动化的过程中。

9.5　部署

此时，基于构建管道中的验证所提供的保证，你可能对自己的模型感到非常自信。你可以继续部署模型了。在这种情况下，部署意味着发布机器学习系统的组件，并开始根据实际用户的请求进行操作，正如我们在第 8 章中探讨的那样。对于 JJB 团队，此步骤中的组件系统如图 9.3 所示。

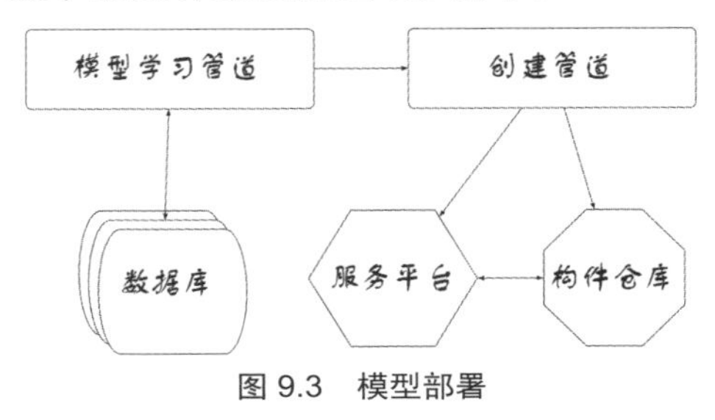

图 9.3　模型部署

测试通过后，应用程序 JAR 将被推送到远程构件仓库，然后构建管道，调用应用程序服务平台的 API，以开始应用程序的部署。服务平台需要配置必要的资源，将 JAR 下载到沙箱中，然后启动应用程序。

应该多久部署一次系统？是什么决定你应该进行部署？这实际上是一个非常复杂的话题。粗略地说，有四种方法可用于确定部署的时间及原因，如表 9.2 所示。

表 9.2　部署方法

风格	标准	频率	优点	缺点
ad hoc	无	可变，但通常不常见	简单灵活	由于部署技能和/或自动化程度较低，部署可能比较困难
里程碑式	实现一些有意义的开发里程碑	几周到几个月	明确部署规划	计划外部署可能很难
周期式	达到一定的时间	几天到几周	规律化的构建技能和速度	可能是劳动密集型的
持续式	提交到主分支	每天多次	快速响应变化	需要投资预部署启用功能

如你所见，在决定如何构建部署过程时需要做一些复杂的权衡。在使用公司早期的其他流程之后，Jungle Juice Box 团队选择了一种持续式的部署流程。在他们对表 9.2 中所示方法的变体进行的实验中，他们发现不太频繁的部署导致他们在构建和部署基础设施方面的投资不足。他们不经常进行部署，即使进行了部署，也会非常痛苦，以至于一旦部署完成，他们就想做其他事情，而不是改进部署过程。当他们确定需要更快地向水果推荐系统发送更新时，他们才意识到需要实现能够让他们不断部署系统的功能。

在基础级别，他们需要可靠的测试，这些测试将告诉他们是否可以部署应用程序。这些测试需要由自动化构建管道使用，该管道能够确定是否应该部署应用程序，然后继续进行部署。

他们最终得到的流程如图 9.4 所示，我们做出了一系列自动化决策，以确保给定的部署是安全的。请注意，对预测系统的能力在两个级别上进行测试。首先，单元测试验证了系统的属性，这些属性可以在不使用大量数据的情况下得以评估。其次，在构建应用程序的可部署版本之后，在更大的数据集上评估候选发布版本。在此步骤中，对有关系统性能的度量进行评估，可以确保整个系统能够充分完成核心任务：预测订阅用户的水果偏好。这种特殊技术有时称为基于度量的部署。只有当这两个级别的测试都通过时，才会调用命令来启动应用程序。

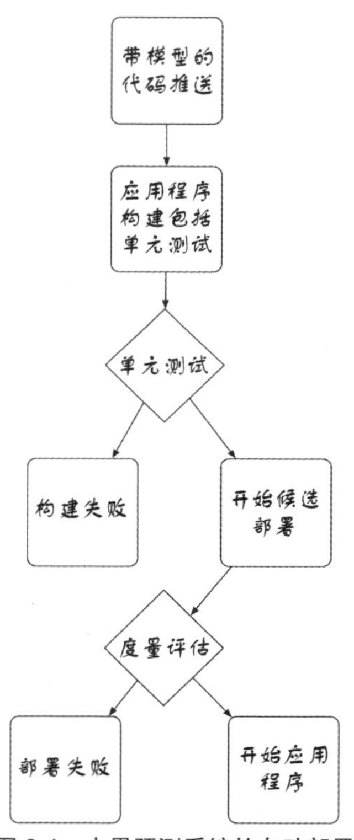

图 9.4　水果预测系统的自动部署

通过这种确保应用程序安全性的方法，Jungle Juice Box 团队以一种强有力的方式开展工作。所有提交到应用程序存储库主分支的操作都会调用部署，所以它们总是在发生，通常一天发生很多次。这意味着水果预测系统总是反映出 JJB 数据团队中最新和最好的功能。当出现问题时，团队能够快速反应并在相对较短的时间内修复系统。通常情况下这是没有任何问题的，因为测试正在竭尽全力来确保一切正常，因此团队可以去做其他的事情，而不必担心部署是否顺利。大多数情况下，他们根本不需要考虑部署，而是专注于构建更好的机器学习系统。

9.6 反应性

以下反应能力可以让你深入了解如何构建和部署机器学习系统。

- 尝试使用不同的构建工具来构建应用程序。有相当多的构建工具是针对JVM的，如Ant、Maven和Gradle。另一种构建工具是如何处理构建可部署JAR的任务呢？
- 添加验证。可以使用本章中的sbt或者从之前的反应性方法中得到的替代构建，为你的构建添加一些额外的验证。这些验证可以是你想要的任意“业务逻辑”。例如：
  - 仅在工作日构建和部署。
  - 测试集性能必须高于任意阈值。
  - 没有添加新的依赖项。
- 编写部署脚本并定期执行。在这种反应中，你不一定专注于应用程序的功能，因此你的部署可以很简单，例如发送一封电子邮件，说明部署已发生或使用计算机的内置语音宣布“部署完成”！实现部署脚本后，请提问自己与行为有关的问题：
  - 如果部署失败，会发生什么？
  - 如何“回滚”部署？
  - 部署需要多长时间？什么功能可以保证响应期望？
  - 如果许多不同的进程同时运行部署，会发生什么？

9.7 本章小结

- Scala应用程序可以使用sbt打包到称为JAR的归档文件中。
- 构建管道可用于执行机器学习功能的评估，如模型。
- 部署模型的决策可以通过与有意义的数值进行比较来做出，例如随机模型的性能、先前模型的性能或某些已知参数。
- 持续部署应用程序可以让团队快速交付新功能。
- 通过使用度量来确定新的应用程序是否可部署，能够使部署系统完全自治。

本章讨论的许多技术都具有防御性，它们可以防止部署不可用的应用程序。在下一章中，我们将探讨当实时系统发生故障时，会发生什么事情。

第 10 章

演化智能

本章包括：

- 了解人工智能
- 与代理合作
- 演化代理的复杂性

我们在对机器学习的探索中已经涵盖了很多领域，但在我们结束这次探索之旅之前，我们将进一步扩展视角，考虑人工智能这个令人兴奋的世界。为此，我们必须缩小规模，去探索所有科技领域中最复杂的种群之一：使用即时通信的蜜蜂。

10.1 聊天

Buzz Me 的蜜蜂已经建立了昆虫世界中最热门的一个应用。它拥有数以万亿计的用户，所有用户都会花费大量的工作时间来通过即时消息与他们的蜂巢伙伴进行协调。虽然即时通信已经存在了数千年，但 Buzz Me 最近以一种巧妙的设计占领了市场，这种设计使得谈论工作就像和朋友出去度过一个美好的夜晚一样有趣(参见图 10.1)。

作为扩展计划的一部分，Buzz Me 团队正在为机器人(或代理)开发平台。这些机器人将实时与用户互动，承担各种简单、烦琐和重复的任务(参见图 10.2)。他们关于如何构建这些机器人的计划涉及一个复杂的系统，该系统超越了机器学习的范畴，进入更广阔的人工智能领域。

图 10.1 Buzz Me

图 10.2 Buzz Me bot 平台

10.2 人工智能

人工智能(AI)是机器学习的一个重要领域。在本书中，我们已经涵盖了很多通常被认为并不属于机器学习范畴的主题。机器学习往往只关注模型从数据中学习的过程，并证明它能够在学习过程之后表现得更好，如本书第 4~6 章所述。数据收集和响应用户输入等领域在传统的机器学习文献中没有被充分提及，但在更广泛的人工智能讨论中可以找到它们。你可以将反应式人工智能视为本书的主题。

我将在人工智能的术语范畴中展开讨论，这样做的主要原因在于，我们要谈论一个称为代理的 AI 概念。简单而言，代理是一种可以独立行动的软件应用程序。本章不讨论最简单的代理形式，而是讨论一种人工智能代理，它可以感知环境中的数据，做出有关数据的决策，并在环境中对这些决策采取行动，同时坚持反应式设计的原则。

能够对用户输入进行自主响应是 Buzz Me bot 平台上机器人最初实现的最低要求。但是在本章中，当你加入蜜蜂团队后，你会发现团队和机器人开发人员通常可以从争取更高级别的功能中获益。理想情况下，我们的代理将能够处理各种有用的事情，例如回答常见问题、安排会议和订购办公用品。我们可能无法制造像蜜蜂机器人一样聪明的机器人，但应该能够轻松地开发出有用的机器人。

10.3　反射代理

为了让你的代理能够做任何事情，你必须弄清楚它是如何决定做什么的。代理做出决策的最简单方式是使用确定性规则。以这种方式操作的代理可以称为反射代理。严格地说，许多应用程序满足作为反射代理的表面要求，但这里只讨论那些被设计成代理的应用程序。

你将把代理构建为简单的反射代理。这个反射代理最终将成为一种昆虫伙伴，通过与代理的定期互动，用户可以了解各种喜欢和不喜欢的东西。最终，你的团队希望代理能够承担有用的工作任务，但他们必须从闲聊开始，以帮助用户习惯于与代理聊天。通过引入具有某种“个性”的代理，团队认为用户将首先适应将代理作为玩具，然后将其用作工具。

为了开始进行实现，代码清单 10.1 使代理能够回答有关其是否受人喜欢的问题，作为“个性”证据。

代码清单 10.1　一个反射代理

```
object ReflexAgent {              ← 为了方便，将代理定义为单例对象

  def doYouLike(thing: String): Boolean = {   ← 用字符串表示喜欢的东西，用布尔值表示是否喜欢
    thing == "honey"              ← 定义一个只喜欢蜂蜜的代理
  }
}
```

这个反射代理现在可以字符串的形式接收问题，并回答是否喜欢它们。在这种情况下，该代理具有极其简单的口味，只喜欢蜂蜜。即使在这个简单的实现中，也可以使用函数式编程原理。具体来说，输入字符串是一成不变的不可变数据，doYouLike 是纯函数，没有副作用。代码清单 10.2 显示了如何询问这个代理喜欢做什么和不喜欢做什么。

代码清单 10.2　与反射代理交流

```
scala> import com.reactivemachinelearning.ReflexAgent     ← 导入代理以在控制台会话中使用
import com.reactivemachinelearning.ReflexAgent

scala> ReflexAgent.doYouLike("honey")      ← 询问代理是否喜欢蜂蜜
res0: Boolean = true                       ← true 表示代理喜欢蜂蜜

scala> ReflexAgent.doYouLike("flowers")    ← 询问代理是否喜欢鲜花
res1: Boolean = false                      ← false 表示代理不喜欢鲜花
```

你的反射代理似乎确实有效，尽管它的功能显然非常有限。但即使是简单的反射代理也很有用。例如，为 Buzz Me bot 平台开发的一些代理使用文本作为调用命令的方式。它们不需要包含任何智能，它们只需要将用户数据发送回某些后端服务并做出响应即可。

人们已经建立了处理简单任务的代理，例如设置提醒和显示随机 GIF。无论开发人员是否将软件视为代理，我们都可以从这个角度看待这些简单的应用程序。但我们对这种简单的代理并不感兴趣。我们可以用更智能的代理做更多有趣的事情。

10.4 智能代理

我们将考虑的下一个更复杂代理不仅可以做很多事情，而且实际上也懂很多事情。如果一个代理被设计成拥有大量知识，那么它就可以被称为智能代理。从软件的角度考虑，如果反射代理本质上是一个函数，那么智能代理必须是除输入参数外的某些数据的函数。

在本书中，我们一直在研究包含事实数据库的机器学习系统。智能代理的知识组件几乎是相同的。理想情况下，智能代理中的知识是通过不可变的事实日志来实现的。如果数据库中的事实以一种不确定的方式表达，并承认在给定时间内可能出现各种可能的情况，那么这也将是有益的。

然而，以上这些都不是严格要求的。就此而言，这个知识数据库甚至不必是数据库，而可以是一种简单的内存数据结构，如下面的代码清单 10.3 所示。

代码清单 10.3 一个智能代理

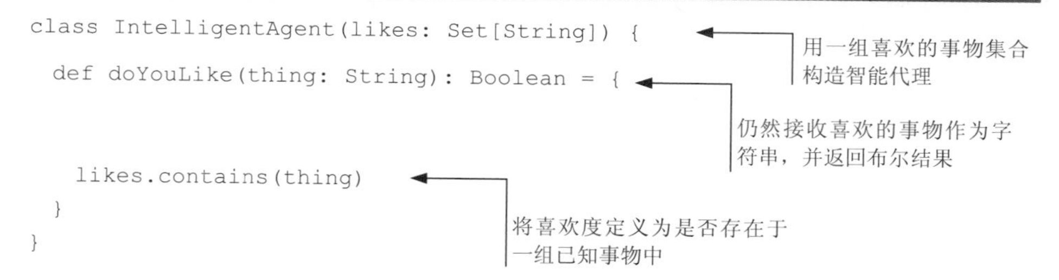
```
class IntelligentAgent(likes: Set[String]) {

  def doYouLike(thing: String): Boolean = {

    likes.contains(thing)
  }
}
```


与前一种代理(反射代理)相比，智能代理实现起来要复杂一些，但它有效扩展了代理的可能功能范围。与其在代理本身的实现中将喜欢的东西固定下来，不如把代理喜欢的东西分解成可以在构造时传入的数据。这意味着可以使用选择的任意方式来实例化任意数量的智能代理，而不是像反射代理一样约束为单个代理。

代码清单 10.4 显示了如何实例化智能代理并与之交互。

代码清单 10.4　与智能代理交谈

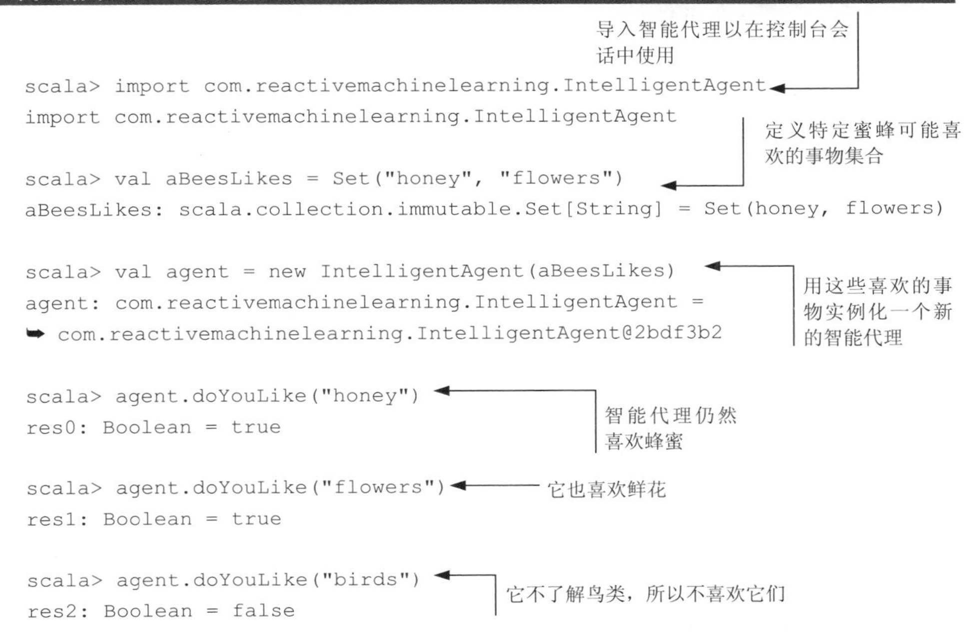

```
scala> import com.reactivemachinelearning.IntelligentAgent
import com.reactivemachinelearning.IntelligentAgent

scala> val aBeesLikes = Set("honey", "flowers")
aBeesLikes: scala.collection.immutable.Set[String] = Set(honey, flowers)

scala> val agent = new IntelligentAgent(aBeesLikes)
agent: com.reactivemachinelearning.IntelligentAgent =
➥ com.reactivemachinelearning.IntelligentAgent@2bdf3b2

scala> agent.doYouLike("honey")
res0: Boolean = true

scala> agent.doYouLike("flowers")
res1: Boolean = true

scala> agent.doYouLike("birds")
res2: Boolean = false
```


这只是创建的代理的一种可能配置。可以继续创建更多的代理，每个代理都有适合给定代理的喜欢的事物。对于这种复杂程度，你已经在代理中实现了这样的智能，它与许多真实世界的聊天机器人产品中存在的智能完全一样。代理具有固定数量的知识，不会改变，但原则上，可以用尽可能多的数据填充它。许多聊天机器人都不具备比这个简单的智能代理更多的功能。它们可能在实现过程中有更多的知识，以提供固定的反应形式，但这些反应不会随着时间的推移而发生变化。

Buzz Me bot 平台上的开发人员已经讨论过将此类功能用于简单客户服务等情况，比如让智能代理从一组常见问题解答中检索最佳答案。对于这样简单的应用程序，并不总是需要机器学习，仅使用字符串匹配技术，就可以对用户问题与常见问题的答案进行匹配，也可以使用这种技术为游戏和玩具等构建有趣的聊天机器人。无论何种情况，代理的实现者最终都会做出决策，其内容是代理在不同情况下要做出怎样的确切响应。智能代理肯定比反射代理更有用，但如果需要，也可以构建更强大的代理。

10.5 学习代理

如果构建了智能代理，那你必须了解它的局限性。仔细研究代理，你就应该很清楚它将始终受到实现的核心代理功能的限制。当然，它可以继续摄取新的事实，但它永远不会真正改变自己的行为来响应新的输入。为了看到新功能的出现，你将不得不使用机器学习技能并教授代理如何学习。

与机器学习本身的定义类似，学习代理被定义为这样一种代理，它们可以在面对更多数据的情况下有效提高自身性能。这听起来与智能代理相似，但二者有一个重要的区别。缺乏学习能力的智能代理无法改变输入(特征)到输出(概念标签)的映射。我们渴望在学习代理中构建这样一个代理，它只需要通过获取更多数据就可以变得更好，就像我们人类一样。

要开始构建学习代理，就不能局限于原始字符串，应该创建一些更有意义的类型。你的代理一直在回复它是否喜欢某种事物，因此，在下面的代码清单 10.5 中，我们把这些回复称作情感，并创建 case 对象来共享常见的情感类型。

代码清单 10.5　情感类型

```
object LearningAgent {                        ← 用于保存一些学习代理功能的伴生对象

  sealed trait Sentiment {                    ← 定义封闭的特性作为情感类型的基础
    def asBoolean: Boolean                    ← 这种类型的对象具有布尔表示
  }

  case object LIKE extends Sentiment {        ← 用布尔值为真来表示喜欢的情感
    val asBoolean = true
  }

  case object DISLIKE extends Sentiment {     ← 用布尔值为假来表示不喜欢的情感
    val asBoolean = false
  }

}
```

如果熟悉 C++、Java 或 C#，则此实现可能会提醒你使用枚举的概念。这种具有两种实现方式的封闭特性具有类似的功能。只有此源文件中的两个实现才能实现情感特性(喜欢或不喜欢)，并使情绪类型集合只包含这两种情感。封闭的功能将确保即使想要添加 future 的实现，也需要在同一个源文件中执行此操作。

有了这些类型，现在可以开始构建学习代理了，参见代码清单 10.6。

代码清单 10.6　一个简单的学习代理

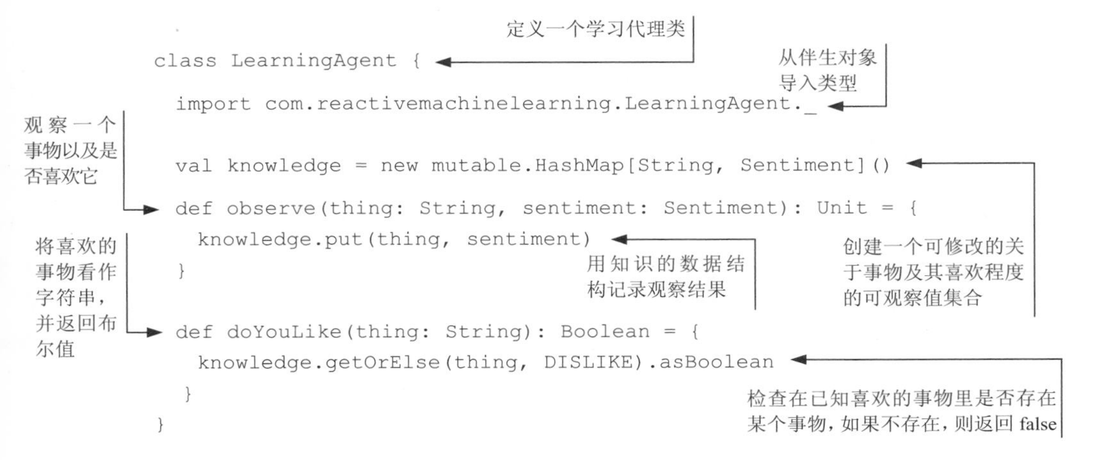

这个简单的学习代理现在具有以前的代理所没有的新功能：一组可变的知识和一个接收新知识的接口(observer 函数)。正如你在建模中所见到的，学习是记录传递给代理的已表达情感的过程。与之前的代理不同，这种学习代理开始时没有喜欢或不喜欢之分，但它可以通过摄取观察值的过程来积累情感。代码清单 10.7 显示了与学习代理的交互示例。

代码清单 10.7　与一个简单的学习代理交谈

```
scala> import com.reactivemachinelearning.LearningAgent      ← 导入一个代理
import com.reactivemachinelearning.LearningAgent

scala> import com.reactivemachinelearning.LearningAgent._    ← 在伴生对象中导入功能
import com.reactivemachinelearning.LearningAgent._

scala> val agent = new LearningAgent()                       ← 实例化一个新的学习代理
agent: com.reactivemachinelearning.LearningAgent =
➥ com.reactivemachinelearning.LearningAgent@f7247de

scala> agent.observe("honey", LIKE)                          ← 观察一些喜欢的常见事物

scala> agent.observe("flowers", LIKE)

scala> agent.doYouLike("birds")                              ← 代理不了解鸟类，所以不喜欢它们
res1: Boolean = false

scala> agent.observe("birds", LIKE)                          ← 观察到代理实际上应该喜欢鸟类

scala> agent.doYouLike("birds")                              ← 现在代理喜欢鸟类
res1: Boolean = true
```

正如本次会话所示，代理能够根据看到的数据随着时间改变自己的情感。代理很确切地知道用户向它指示了什么——用户喜欢或不喜欢的事物——并假设任何新的数据都将不受欢迎。

像这样的代理可以用于累积用户偏好或调查等情况。更改其行为也很简单：将其公开给更多数据。但是，这个代理并没有对它观察到的数据做出多少推断。你在本书中看到的学习算法试图从给定的数据集归纳出从特征到概念标签/值的映射。代码清单 10.7 中的简单学习代理不会这样做，所以让我们来做一些有用的东西。考虑到我们在第 5 章花了所有的时间来研究如何实现真正的学习算法，这里将向你展示一个极其简单的示例来换换思路。在本例中，你将使用一个底层算法来构建一个分类器，该算法在给定的观察结果中根据单词内的元音来做出推断。这在现实世界中虽然没有什么用处，但是与更复杂的模型相比，有助于更好地理解通过训练过程所得到的机器学习模型的行为。你可以在代码清单 10.9 中看到一个工作示例，但需要先从下面的代码清单 10.8 中实现的代理开始。

代码清单 10.8　一个更复杂的学习代理

```
class LearningAgent {

  val learnedDislikes = new mutable.HashSet[Char]()

  def learn() = {

    val Vowels = Set[Char]('a', 'e', 'i', 'o', 'u', 'y')

    knowledge.foreach({
      case (thing: String, sentiment: Sentiment) => {
        val thingVowels = thing.toSet.filter(Vowels.contains)
        if (sentiment == DISLIKE) {
          thingVowels.foreach(learnedDislikes.add)
        }
      }
    }
    )
  }

  def doYouReallyLike(thing: String): Boolean = {
    thing.toSet.forall(!learnedDislikes.contains(_))
  }
}
```

同样，代理中的知识是动态的，可以通过观察来改变。但是这个代理的 API 更接近你在前面章节中使用的一些机器学习库。具体来说，它将从观察到的数据中学习模型视为必须调用的一个独特步骤(通过 Learn 方法)。代码清单 10.9 显示了你与此代理的交互方式。

代码清单 10.9　与更复杂的学习代理交谈

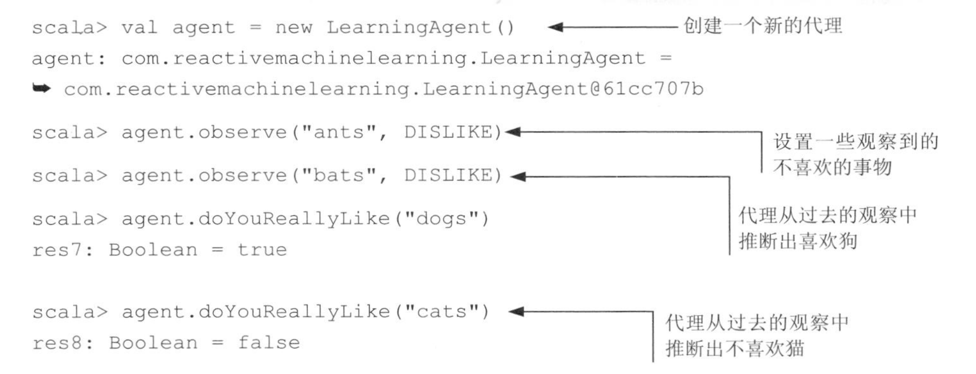

```
scala> val agent = new LearningAgent()
agent: com.reactivemachinelearning.LearningAgent =
➥ com.reactivemachinelearning.LearningAgent@61cc707b

scala> agent.observe("ants", DISLIKE)

scala> agent.observe("bats", DISLIKE)

scala> agent.doYouReallyLike("dogs")
res7: Boolean = true

scala> agent.doYouReallyLike("cats")
res8: Boolean = false
```


这个代理虽然从来没有听过关于狗或猫的任何消息，但它认为自己会喜欢狗，而不喜欢猫。此时，你得到了真正使用机器学习的应用程序(即使学习算法很不实用)。这就是传统机器学习文献不再讨论代理设计工作的原因。但在现实世界中，代理可能会遇到更多问题。让我们看看如何使用响应技术来增强代理的设计。

10.6　反应式学习代理

正如你在本书中多次做的那样，你现在将进行机器学习系统的基本设计，并尝试通过应用反应式系统的设计原则来改进它。从这些原则出发，让我们提出一些有关当前设计的问题。

10.6.1　反应原则

代理是否有反应？它是否在一致的时间范围内向用户反馈情感？我没有看到任何功能可以保证这方面的内容，所以答案是否定的。

代理是否有回弹性？在系统出现故障的情况下，它是否继续向用户返回响应？同样，我看不到支持这个属性的功能，所以答案是否定的。

代理的弹性如何？代理是否会在负载变化时保持响应？它并不完全清楚。所以，我们又得到了否定的答案。

最后，代理是否依赖消息传递进行通信？答案也是否定的。

看起来代理几乎没有通过我们的评估。代理不一定是糟糕的设计，但它并没有试图提供我们在本书中关注的那种保证，所以让我们来研究一下。

10.6.2 反应策略

翻寻反应策略工具箱，尝试使用你所知道的内容来改进代理的设计。

首先，看一下复制，有没有办法使用多个数据副本来提高代理的反应性？知识的存储是数据的主要部分，因此可以将其卸载到外部的分布式数据库中。你还可以复制代理本身，同时拥有整个学习代理的多个副本。

其次，如何控制？是否有方法可以容忍代理可能产生的任何错误？看起来代理能够获得某种形式的错误数据，因此如果引入消息传递，则可能会在代理中得到更大的错误控制。

最后，监督如何发挥作用？通常，监督在错误处理或管理负载方面最有用。如果代理是可复制的，则可以对其进行监督，然后在任何给定代理失败的情况下生成新的代理。类似地，如果现有代理不足以承受当时的负载，则监督程序可以产生新的代理。

10.6.3 反应式机器学习

在本书中，你不仅学到了一般的反应原理和策略，通过反应式机器学习的视角看世界，你还学会了在机器学习系统中欣赏数据的属性。

机器学习系统中的数据实际上是无限大的，并且在定义上是不确定的。

如果想在设计中使用延迟，那么可能需要提高系统的反应性和弹性。

你已经在适当的地方使用了纯函数，但是你可能会寻找更多的应用之处。纯函数的优点在于可以很好地处理复制，以处理任意数量的数据。

对于机器学习知识的存储来说，不可变的事实总是很好的方法，并且你已经在很大程度上使用了这种方法。代理所做的观察永远不会被丢弃或以任何方式更改。

如果愿意的话，可以通过考虑各种可能的世界来为设计增加更多的复杂性，这些世界可能正是机器学习系统试图建模的概念的真实写照。

10.7 反应性

在读了一整关于反应式机器学习系统的书之后，你现在应该已经知道了足够多的东西来为这些蜜蜂及其机器人平台构建真正伟大的系统。我不会告诉你特定的解决方案。我把这作为最后的反应性问题留给你解决。接下来将详细介绍在实现机器人平台时可以考虑的维度。即使只是提出了设计，但并未实现解决方案，这种反应性也值得一试，因为许多问题都与设计中的高级架构问题有关。

10.7.1　库

你已经在本书中使用了各种库/框架/工具。通常，这些库已经为你的应用程序提供了一些很难实现的属性。在这个机器人平台中，是否有一些库可以帮助你提高系统的反应性呢？

让我们从 Spark 开始吧！在本书中，你主要使用 Spark 作为构建弹性、分布式和数据处理管道的一种方式，但这并不是它的全部功能。Spark 通常是构建分布式系统的绝佳工具，而不仅仅是批处理模式的若干作业。你当然可以在 Spark 数据结构中保存系统中的代理，这将允许你使用复制策略。

让代理数据分布在整个集群中应该有助于提高弹性，因为对代理的请求可以从集群中的多个节点得到服务。同样，Spark 的内置监督功能可以帮助提升回弹性。

如果集群中的某个节点出现故障，Spark 主节点不会将工作发送给它，并且可能会启动新的节点，具体取决于实现与底层集群管理器的工作方式。

尽管 Spark 很有用，但它并不是工具箱中唯一的工具。Akka 具有许多相同的优势，正如你所期望的那样，因为 Spark 在早期版本的库中使用了 Akka。在某些方面，用 Akka 实现机器人平台可能会更加自然。你可以将代理建模成一些 actor，这是一些非常相似的概念。actor 就像一个只使用消息传递作为驱动形式的代理。如你所见，消息驱动的应用程序拥有非常好的属性。

由于采用了消息驱动设计，Akka 实现可以轻松地包含平台上代理的错误。如果两个代理都建模为不同的 actor，那么没有理由使另一个代理受到错误的影响。通过这种方式，Akka actor 与第 7 章中构建的模型微服务并没有太大的不同。

所有 actor 系统都围绕监督层级进行组织。这样做的好处是这些监督 actor 可以采取行动，通过在高负载的情况下产生新的 actor，或者杀死行为不对的 actor 来提高系统各方面的弹性(回弹性和弹性)。

当然，没有必要通过使用像 Akka HTTP 这样的库来设计所有这些 actor 是如何组合的。尽管 Akka 具有强大的功能和灵活性，但它可以抽象出系统设计中的各种复杂情况，使你可以最大限度地减少在消息传递机制和管理监督树等方面花费的精力。

10.7.2　系统数据

最后，让我们看一下系统中的数据，看看可以做出哪些设计选择。首先，如果数据在规模上实际是无限的，那么它们会对系统设计造成什么影响？

通常，这意味着正在构建一个分布式系统。你在本书中花了很多时间在 Spark 和 Akka 上，它们都可以用来构建高度反应的分布式系统。但对数据规模的关注不仅与数据处理有关，还与数据存储有关。如第 3 章所述，有很多理由可以确保系统的备份数据存储是某种高度复制的分布式数据库，包括自主托管数据库，如Cassandra、MongoDB和Couchbase，以及像DynamoDB、Cosmos DB和Bigtable这样的作为服务提供给用户的原生云数据库。上述所有数据库(以及更多要枚举的数据库)都使用复制和监督等技术来确保弹性、回弹性和响应能力。没有哪个数据库是最好的，因为可供选择的余地实在是太大了。但是当你开始设计时，不要使用传统的非分布式关系数据库。通过对云供应商的简单API进行调用，可以获得更好的构建系统的方法。这并不是说不应该考虑对数据使用关系模型，但是如果这样做了，请务必考虑使用Spanner或CockroachDB这样的分布式关系数据库。

当考虑实际上无限大的数据集时，我们应该更多地思考如何在工具箱中使用其他工具。例如，如何设计一个开发工作流程，既允许在本地迭代系统设计，也可以保持与大规模生产部署的对等性？

如你所见，可以使用的一种技术是延迟。例如，如果使用Spark将特征生成和模型学习管道组合为一系列对不可变数据集的转换，那么管道将以延迟方式进行组合，并且只有在调用Spark的动作后才会执行。第4章和第5章中广泛使用了这种管道组合方法。

同样，你已经看到很多可以使用纯高阶函数作为在不可变数据集上实现转换的方法。应用纯函数可以使各种技术都能够处理任意大小的数据集。在系统实现中，你在哪些地方可以使用纯函数？你当然已经看到了如何在特征生成中使用纯函数。在你的机器人平台实现中，将模型本身作为函数是否有意义？例如，是否可以使用纯函数来重构代码清单10.6，以结构化喜欢的东西？

我们还要考虑数据的确定性。在本书中，采用的方法是，机器学习系统中的数据不能视为确定性数据——机器学习系统中的所有数据都存在不确定性。与其将情感概念视为布尔值，还不如建模为正向情感的置信级别，如代码清单10.10所示。

代码清单 10.10　情感的不确定数据模型

```
// 定义封闭特性以构建不同的情感级别
object Uncertainty {

  sealed trait UncertainSentiment {
    def confidence: Double        // 要求所有不确定的情感都有置信级别
  }
  case object STRONG_LIKE extends UncertainSentiment {   // 不确定情感的实例，表示非常喜欢的情感

    val confidence = 0.90         // 把非常喜欢的情感建模为90%的积极情感置信度
  }

  case object INDIFFERENT extends UncertainSentiment {
```

```
    val confidence = 0.50
  }
  case object DISLIKE extends UncertainSentiment {
    val confidence = 0.30
  }
}
```

把漠然的情感建模为 50%的积极情感置信度

把不喜欢的情感建模为 30%的积极情感置信度

这是对数据模型中一些不确定性编码的一种简单方法的概述。更复杂的方法可能涉及你在本书中见到的计算任何给定情感预测的置信级别。通过将数据建模为不确定性数据，你开启了一扇门，可以对正在建模的概念可能处于的状态范围进行推理。系统设计如何演变为包含这种推理方式？给定的代理可以通过根据置信度返回前 *N* 个结果来向用户返回这种不确定性。或者，如果可以提出多个代理来为用户执行给定任务，那么 Buzz Me bot 平台可以在每个代理中都开发自己的信任模型。然后，监督组件(其本身可以被建模为代理)可以基于其在每个代理中的置信级别，动态地选择哪个代理最适合满足给定用户任务，如图 10.3 所示。

考虑了所有这些问题和工具之后，你现在可以为通过即时消息与昆虫交谈的人工智能代理构建一个非常复杂的解决方案。

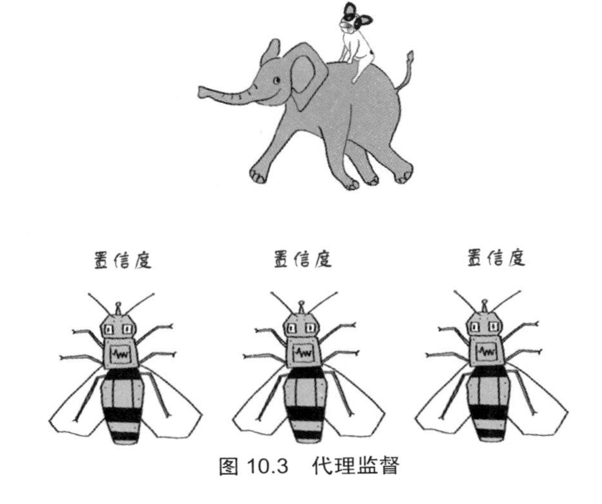

图 10.3 代理监督

10.8 反应性探索

在每一章的最后，我已经要求你通过反应性将反应式机器学习的概念应用到新的挑战中。本节将探讨如何使用我喜欢称之为反应性探索的工具，通过使用反应性技术来吸引他人加入其中。

在反应性探索中，你会询问有关现有系统或组件的问题，并与实现人员/维护人员一起检查它们。你可以把本书放在别人的书桌上，告诉他们在你说话之前把它读完，你也可以试着通过更广泛的交谈来轻松进入主题。

10.8.1 用户

我想首先弄清楚用户是什么人。这个问题可能比听起来更棘手。用户并不总是公司字面意义上的客户。对于许多机器学习组件来说，用户是借助机器学习系统执行有用功能的其他开发人员或团队。有一种方法可以就这个人是谁的问题达成共识，那就是："如果我们都停止上班，谁会在意呢？"一旦确定了这个人的特征，你就可以用卡通动物或其他的表现形式把他们标在黑板上(参见图 10.4)。

图 10.4 非反应式机器学习系统的不满意用户

然后，你需要确定用户与系统的交互方式。具体而言，你希望识别请求-响应周期的所有组件。请求-响应周期的示例可包括以下内容：

- 对于广告定位系统，用户可以发送广告请求以及一些浏览器数据，并返回要显示的广告的 ID 号。
- 对于垃圾邮件过滤器，用户可以发送电子邮件，并返回垃圾邮件或非垃圾邮件的分类。
- 对于音乐推荐系统，用户可以发送订阅用户的收听历史，并返回推荐歌曲的列表。

10.8.2 系统维度

如果正确定义了它，那么这个请求-响应周期就是系统对用户所做承诺的基础。这使你可以根据反应性设计原则提出问题，而不必首先介绍本书和其他有关反应性的讨论中所使用的所有术语。

以下是可以针对给定系统提出问题的四个维度。

首先，可以询问有关系统响应时间的问题：

- 系统何时会向用户返回响应？
- 用户期望响应的速度有多快？
- 响应时间会有多大变化？

- 系统中的哪些功能负责确保系统在指定时间内响应？
- 如果在预期的时间内未返回响应，用户端会发生什么？
- 是否有关于实际响应时间的数据？
- 如果系统立即返回响应会发生什么？

接下来，可以在不同的负载级别询问有关系统行为的问题：

- 你对系统有何期望？
- 对于过去的历史负载，你有哪些数据？
- 如果系统的负载低于预期的 90%、99%甚至更多，该怎么办呢？
- 系统在没有负载时会做什么？
- 什么样的负载会导致系统在预期的时间范围内没有向用户返回响应？

之后，可以继续讨论有关错误处理的问题：

- 系统过去经历过哪些 bug?
- 如果出现这些错误，系统会出现什么行为？
- 是否曾经发生过的某种错误导致系统在请求-响应周期内违背用户的期望？
- 系统中存在哪些功能可以确保错误不会违背用户期望？
- 连接的外部系统是什么？
- 那些外部系统可能会出现什么样的错误？
- 当外部系统出现这些错误时，系统会如何表现?

最后，可以询问系统内的通信模式：

- 如果系统的一部分处于高负载状态，那么如何进行通信？
- 如果系统的一部分发生错误，那么如何传达给其他组件？
- 系统中是否存在组件边界？
- 组件如何共享数据？

10.8.3 应用反应原则

对于细心的读者来说，10.8.2 节中系统行为的四个维度应该听起来非常熟悉。它们重述了你在本书中一直使用的反应原则，如表 10.1 所示。

表 10.1 从系统维度到反应原则的映射

系统维度	反应原则
时间	响应
负载	弹性
错误	回弹性
通信	消息驱动

出于对机器学习系统行为的好奇心，这个练习应该会留下很多有趣的后续问题让你试着回答。通常，你不会真正了解系统在某些条件下的行为方式，而且也无法指出负责确保系统在给定方案中满足用户期望的任何功能。这使你有机会了解如何应用本书中介绍的所有工具和技术，并以你在反应性探索中发现的用户需求为指导。

10.9 本章小结

- 代理是一种可以独立行动的软件应用程序。
- 反射代理根据静态定义的行为来发挥作用。
- 智能代理根据拥有的知识来发挥作用。
- 学习代理能够学习，可以在面对更多数据的任务中提高性能。

本书到此结束。我已经向你们展示了我所能做的一切。现在轮到你们向我展示你们构建的机器学习系统有多么神奇了！

附录

Scala

本书中几乎所有代码都是用 Scala 编写的。想要了解如何为平台设置 Scala，最好的地方就是 Scala 语言网站(www.scala-lang.org)，尤其是 Download 部分(www.scala- lang.org/download)。本书中使用的版本是 2.11.7，但是如果你在阅读这篇文章时有更新版本的话，2.11 系列的最新版本应该也能正常工作。如果你已经在使用 IntelliJ IDEA、NetBeans 或 Eclipse 这样的 IDE，则最简单的方法是为 IDE 安装相关的 Scala 支持。

请注意，为本书提供的所有代码都是按类或对象构建的，但并非所有代码都需要以这种方式执行。如果想使用 Scala REPL 或 Scala 工作表来执行更加独立的代码示例，那么通常也可以正常工作。

Git 代码库

本书中显示的所有代码都可以从本书的网站(www.manning.com/books/reactive- machine-learning-systems)和 GitHub(https://github.com)以 Git repo 的形式下载。*Reactive Machine Learning Systems* repo(https://github. com/jeffreyksmithjr/reactive-machine-learning- systems)包含每章的项目。如果不熟悉使用 Git 和 GitHub 的版本控制，可以查看 bootcamp 文章(https://help.github.com/categories/bootcamp)和/或入门资源(https://help.github.com/articles/good resources-for-learninggitandgithub)来学习这些工具。

sbt

本书使用了大量的库。在 Git repo 提供的代码中，这些依赖项的指定方式可以通过 sbt 解决。许多 Scala 项目使用 sbt 来管理它们的依赖项并构建代码。虽然不必使用 sbt 来构建本书中提供的大部分代码，但通过安装它，你将能够使用 Git repo 中提供的项目以及第 7 章中一些构建代码的特定技术。有关如何开始使用 sbt 的说明，请参阅 sbt 网站(www.scala-sbt.org)的 Download 部分(www.scala-sbt.org/download.html)。本书使用的版本是 sbt 13.9，但 13 系列的任何更新版本都应该是相同的。

Spark

本书有几章使用 Spark 来构建机器学习系统的组件。在 GitHub repo 提供的代码中，可以像使用任何其他库的依赖项一样使用 Spark。但是在本地环境中完整安装 Spark 可以帮助你了解更多信息。Spark 附带一个名为 Spark shell 的 REPL，可以帮助你与 Spark 代码进行探索性交互。有关下载和设置 Spark 的说明，请参见 Spark 网站(http://spark.apache.org)的 Download 部分(http://spark.apache.org/downloads.html)。本书使用的 Spark 版本是 2.2.0，但 Spark 通常具有非常稳定的 API，因此各种版本的工作方式几乎相同。

Couchbase

本书使用的数据库是 Couchbase。它是开源的，具有强大的商业支持。安装和设置 Couchbase 的最好地方是 Couchbase 站点(www.couchbase.com)的 Developer 部分(http://developer.couchbase.com/server)。Couchbase Server 免费社区版完全可以满足本书中的所有示例。本书使用的 Couchbase 版本是 4.0，但是 4.0 系列的任何更新版本都应该可以使用。

Docker

第 7 章介绍了如何使用 Docker，Docker 是一种处理容器的工具。它可以安装在所有常见的桌面操作系统上，但工作方式不同，具体取决于选择的操作系统。此外，Docker 工具正在迅速发展中。有关如何在计算机上设置 Docker 的最佳信息，请访问 Docker 网站 www.docker.com。